DETAILED PROCESS OF HAND DRAWING DESIGN

"十三五"职业教育国家规划教材

微课版

手绘效果图设计详解

（第三版）

新世纪高职高专教材编审委员会 组 编

徐云飞 叶 森 主 编

章 璐 副主编

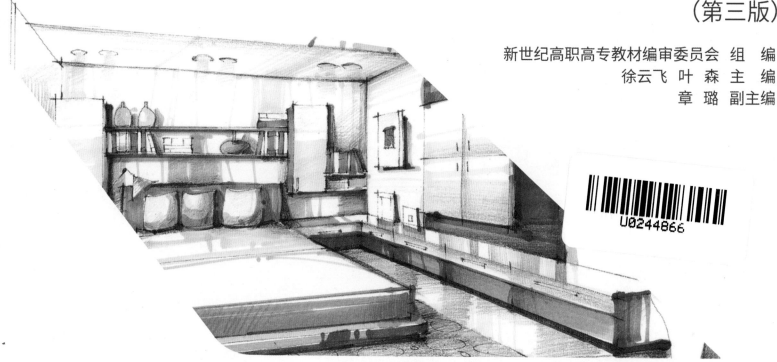

U0244866

大连理工大学出版社

图书在版编目（CIP）数据

手绘效果图设计详解 / 徐云飞, 叶森主编. —— 3版
. —— 大连：大连理工大学出版社, 2019.3（2021.12重印）
新世纪高职高专艺术设计类课程规划教材
ISBN 978-7-5685-1575-7

Ⅰ.①手… Ⅱ.①徐… ②叶… Ⅲ.①建筑画 — 绘画
技法 — 高等学校 — 教材 Ⅳ.①TU204

中国版本图书馆CIP数据核字(2018)第138901号

大连理工大学出版社出版
地址: 大连市软件园路 80 号　邮政编码: 116023
发行: 0411-84708842　邮购: 0411-84708943　传真: 0411-84701466
E-mail: dutp@dutp.cn　　　　URL: http://dutp.dlut.edu.cn
辽宁星海彩色印刷有限公司印刷　　　大连理工大学出版社发行

幅面尺寸:240 mm × 225 mm　　　印张: 17　　　字数: 286 千字
2011年1月第1版　　　　　　　　　　　　　　2019年3月第3版
2021年12月第6次印刷

责任编辑: 马　双　　　　　　　　　责任校对: 李　红
封面设计: 对岸书影

ISBN 978-7-5685-1575-7　　　　　　　　　定价: 65.00 元

前　言

《手绘效果图设计详解》（第三版）是"十三五"职业教育国家规划教材、"十二五"职业教育国家规划教材，也是新世纪高职高专教材编审委员会组编的艺术设计类课程规划教材之一。

手绘效果图是设计学相关专业的一门主要课程，旨在培养学生了解手绘效果图设计的基本原理，熟练掌握手绘效果图从构思、设计到绘制的完成过程。手绘效果图作为重要的设计表现形式，已经成为设计师必备的基本技能之一。对设计而言，它能及时地留下形象资料内容，快速地记录设计师的创作灵感，具有无可比拟的场地适应性。

教材内容由简入繁，共分为两个部分九个项目。第一部分为项目基础训练，包含项目1至项目6，分别讲解了客厅、餐厅、卧室、公园景观、小区景观、主题公园建筑的快速表现所需的透视原理、单体绘制过程、上色方法及整体绘制步骤等知识。每个项目配有拓展知识，补充介绍了手绘快速表现中所需的其他知识点。第二部分为项目案例快速表现及设计解析，包含项目7至项目9，结合设计公司实际案列分别讲解了室内、景观、建筑的设计构思过程及设计表现过程。

本教材改变了以往手绘教材以讲解透视和绘制技法为主的内容结构，采用以实际项目案例为主体，以分析项目客户真正需求为起始点的方式，引导学生针对不同的设计形式进行构思和体验。本教材结构符合手绘效果图课程的学习规律，教材内容合理严谨，所选项目实例均为设计公司实际案例，并采用了步骤分解和项目导向的全新编写体例。教材中每一个项目都针对一个具体的手绘效果图设计重点问题进行讲解，强调理论和实践一体化、技法训练职业化、学习过程项目化、制作流程企业化的特点，加强课程内容与设计工作的相关性，整合理论与实践，提高学生的设计职业能力。

本教材的作者是具有多年教学经验的设计专业教师，长期在教学一线工作并参与大量的社会实践项目，在教学过程中不断地总结经验，在设计实践过程中对手绘效果图设计和绘制技法有较为全面的认知和理解。

本教材由苏州科技大学徐云飞、辽宁师范大学叶森任主编，湖北生态工程职业技术学院章璐任副主编。苏州飞鱼创新设计事务所有限公司左立为本教材提供了高质量的项目案例，对教材的编写提出了许多宝贵的意见，并参与了部分内容的编写。具体编写分工如下：项目1~项目3由徐云飞编写，项目4~项目6由章璐编写，项目7~项目8由叶森编写，项目9由左立编写。在编写本教材的过程中，编者还得到了大连海洋大学艺术与传媒学院、辽宁师范大学美术学院、东软信息学院数字艺术系、荣誉设计工作室、大连海地装饰艺术有限公司的大力协助。在编写本教材的过程中，编者借鉴了国内外相关专家学者的论著和研究成果，值此教材出版之际表示衷心的感谢！

尽管编者在教材的编写方面做出了很多努力，但由于水平有限，加之时间有限，不当之处在所难免，恳请广大读者批评指正。

编　者
2019年3月

所有意见和建议请发往：dutpgz@163.com

欢迎访问职教数字化服务平台：http://sve.dutpbook.com

联系电话：0411-84707492　84706104

目 录

第一部分　项目基础训练

项目1　客厅快速表现训练

1.1　项目导引 ……………………… 4

1.2　技术准备 ……………………… 4

　　1.2.1　知识点1：平行透视原理 ……… 4

　　1.2.2　知识点2：客厅单体绘制方法

　　　　　　　　　及快速表现步骤 ……… 7

　　1.2.3　知识点3：沙发的表现 ………… 14

　　1.2.4　知识点4：电视柜的表现 ……… 16

　　1.2.5　知识点5：电视的表现 ………… 17

　　1.2.6　知识点6：茶几的表现 ………… 18

　　1.2.7　知识点7：灯具的表现 ………… 19

　　1.2.8　知识点8：客厅绿化的表现 …… 20

　　1.2.9　知识点9：客厅装饰品的表现 … 21

1.3　项目实施——室内客厅快速表现 … 22

　　1.3.1　客厅线稿步骤分解 …………… 22

　　1.3.2　客厅上色步骤分解 …………… 31

1.4　技术拓展——素描、色彩、构图知识 … 40

　　1.4.1　素描与效果图 ………………… 40

　　1.4.2　色彩与效果图 ………………… 44

　　1.4.3　构图与效果图 ………………… 50

1.5　项目小结 ……………………… 51

项目2　餐厅快速表现训练

2.1　项目导引 ……………………… 53

2.2　技术准备 ……………………… 53

　　2.2.1　知识点1：成角透视原理 ……… 53

　　2.2.2　知识点2：餐厅单体绘制方法

　　　　　　　　　及快速表现步骤 ……… 56

　　2.2.3　知识点3：餐桌的表现 ………… 57

　　2.2.4　知识点4：椅子的表现 ………… 58

　　2.2.5　知识点5：橱柜的表现 ………… 59

　　2.2.6　知识点6：餐厅绿化的表现 …… 60

　　2.2.7　知识点7：餐厅灯具的表现 …… 62

　　2.2.8　知识点8：餐厅装饰品的表现 … 63

2.3　项目实施——餐厅快速表现 ┄┄┄┄ 64

　　2.3.1　餐厅线稿步骤分解 ┄┄┄┄┄┄ 64

　　2.3.2　餐厅上色步骤分解 ┄┄┄┄┄┄ 72

2.4　技术拓展——线条发散训练 ┄┄┄┄ 78

　　2.4.1　线、面、体、空间 ┄┄┄┄┄┄ 78

　　2.4.2　多种几何体练习 ┄┄┄┄┄┄┄ 78

　　2.4.3　思维发散训练 ┄┄┄┄┄┄┄┄ 78

2.5　项目小结 ┄┄┄┄┄┄┄┄┄┄┄ 80

项目3　卧室快速表现训练

3.1　项目导引 ┄┄┄┄┄┄┄┄┄┄┄ 82

3.2　技术准备 ┄┄┄┄┄┄┄┄┄┄┄ 82

　　3.2.1　知识点1：平角透视原理 ┄┄┄ 82

　　3.2.2　知识点2：卧室单体绘制方法
　　　　　　　　　 及快速表现步骤 ┄┄┄ 84

　　3.2.3　知识点3：床的表现 ┄┄┄┄┄ 86

　　3.2.4　知识点4：衣柜的表现 ┄┄┄┄ 89

　　3.2.5　知识点5：化妆椅的表现 ┄┄┄ 91

　　3.2.6　知识点6：卧室灯具的表现 ┄┄ 92

3.3　项目实施——卧室快速表现 ┄┄┄┄ 93

　　3.3.1　卧室线稿 ┄┄┄┄┄┄┄┄┄┄ 93

　　3.3.2　卧室上色步骤分解 ┄┄┄┄┄┄ 94

3.4　技术拓展——单体与几何体解析 ┄┄ 100

3.5　项目小结 ┄┄┄┄┄┄┄┄┄┄┄ 101

项目4　公园景观快速表现训练

4.1　项目导引 ┄┄┄┄┄┄┄┄┄┄┄ 103

4.2　技术准备 ┄┄┄┄┄┄┄┄┄┄┄ 103

　　4.2.1　知识点1：公园景观单体绘制方法
　　　　　　　　　 及快速表现步骤 ┄┄┄ 103

　　4.2.2　知识点2：石头的表现 ┄┄┄┄ 104

　　4.2.3　知识点3：室外植物的表现 ┄┄ 105

　　4.2.4　知识点4：人物的表现 ┄┄┄┄ 107

　　4.2.5　知识点5：凉亭的表现 ┄┄┄┄ 108

4.3　项目实施——公园景观快速表现 ┄┄ 109

　　4.3.1　公园景观线稿 ┄┄┄┄┄┄┄┄ 109

　　4.3.2　公园景观上色步骤分解 ┄┄┄┄ 110

4.4　技术拓展——组合与几何体解析 ┄┄ 114

4.5　项目小结 ┄┄┄┄┄┄┄┄┄┄┄ 116

项目5　小区景观快速表现训练

5.1　项目导引 ┄┄┄┄┄┄┄┄┄┄┄ 118

5.2　技术准备 ┄┄┄┄┄┄┄┄┄┄┄ 118

　　5.2.1　知识点1：小区景观单体绘制方法
　　　　　　　　　 及快速表现步骤 ┄┄┄ 118

　　5.2.2　知识点2：室外木材的表现 ┄┄ 119

　　5.2.3　知识点3：草丛的表现 ┄┄┄┄ 120

　　5.2.4　知识点4：小区休息椅的表现 ┄ 122

5.3　项目实施——小区景观快速表现 ┄┄ 123

　　5.3.1　小区景观线稿 ┄┄┄┄┄┄┄┄ 123

5.3.2　小区景观上色步骤分解 ················ 124

5.4　技术拓展——马克笔与彩色铅笔综合训练 ··· 129

5.4.1　彩色铅笔表现技法 ···················· 129

5.4.2　马克笔与彩色铅笔综合技法 ········ 131

5.5　项目小结 ································· 132

项目6　主题公园建筑快速表现训练

6.1　项目导引 ································ 134

6.2　技术准备 ································ 134

6.2.1　知识点1：公园路牌单体绘制方法

及快速表现步骤 ···················· 134

6.2.2　知识点2：水的表现 ·················· 135

6.2.3　知识点3：路灯的表现 ··············· 136

6.2.4　知识点4：公园休息椅的表现 ········ 138

6.3　项目实施——主题公园建筑快速表现 ··· 139

6.3.1　主题公园建筑线稿 ·················· 139

6.3.2　主题公园建筑上色步骤分解 ········ 140

6.4　技术拓展——水粉、水彩、透明水色等

技法知识 ······························· 145

6.5　项目小结 ······························· 145

第二部分　项目案例快速表现及设计解析

项目7　项目案例——室内家居快速设计与表现

7.1　家居室内设计案例示范与解析 ·········· 150

7.1.1　家居设计绘图特点 ·················· 150

7.1.2　家居设计流程 ······················· 150

7.1.3　家居设计效果图理念 ··············· 151

7.2　家居设计项目构思 ······················ 152

7.2.1　设计背景 ····························· 152

7.2.2　项目导入 ····························· 152

7.2.3　项目定位 ····························· 152

7.3　三房二厅设计方案 ················ 153

7.3.1　平面规划设计与表现 ········· 153

7.3.2　玄关设计与表现 ·············· 155

7.3.3　客厅设计与表现 ·············· 156

7.3.4　餐厅设计与表现 ·············· 157

7.3.5　主卧室设计与表现 ··········· 158

7.3.6　书房设计与表现 ·············· 159

7.3.7　卫生间设计与表现 ··········· 160

7.4　项目小结 ····················· 161

项目8　项目案例——景观规划快速设计与表现

8.1　景观设计案例示范与解析 ·············· 163

8.1.1　景观设计绘图特点 ·············· 163

8.1.2　景观设计流程 ·············· 163

8.2　景观设计项目构思 ·············· 165

8.2.1　设计背景 ·············· 165

8.2.2　项目导入 ·············· 167

8.2.3　项目定位 ·············· 167

8.2.4　项目构思 ·············· 167

8.3　景观规划过程 ·············· 168

8.3.1　功能分区 ·············· 168

8.3.2　道路结构设计 ·············· 168

8.3.3　总体布局 ·············· 169

8.4　景观节点效果表现 ·············· 170

8.4.1　景观节点布置 ·············· 170

8.4.2　主轴景观带效果图 ·············· 171

8.4.3　纪念花园广场效果图 ·············· 176

8.4.4　墓区效果图 ·············· 178

8.5　项目小结 ·············· 180

项目9　项目案例——主题公园建筑快速设计与表现

9.1　主题公园建筑景观设计 ·············· 182

9.1.1　主题公园的设计特点 ·············· 182

9.1.2　主题公园景观设计流程 ·············· 183

9.2　极地海洋主题公园项目构思 ·············· 184

9.2.1　设计背景 ·············· 184

9.2.2　项目导入 ·············· 185

9.2.3　项目定位 ·············· 185

9.3　极地海洋主题公园效果图设计 ·············· 186

9.3.1　海洋食尚效果图设计 ·············· 186

9.3.2　极地区景观组合效果图设计 ·············· 188

9.3.3　海象馆效果图设计 ·············· 189

9.3.4　淡水鱼馆效果图设计 ·············· 191

9.4　项目小结 ·············· 193

参考文献 ·············· 194

本书微课视频列表

序　号	微课名称	页　码
1	平行透视画法	4
2	线条绘制	8
3	单体线条表现	9
4	线条与笔触表现	11
5	马克笔表现步骤	12
6	沙发的表现	14
7	茶几的表现	18
8	灯具的表现	19
9	客厅绿化的表现（小型植物）	20
10	客厅上色快速表现	39
11	成角透视画法	54
12	餐厅单体表现	56
13	餐椅的表现	58
14	餐厅绿化的表现（大型植物）	60
15	餐厅装饰品的表现	63

序 号	微课名称	页 码
16	餐厅上色快速表现	77
17	床的表现	86
18	卧室上色快速表现	99
19	公园景观单体表现	103
20	石头的表现	104
21	人物的表现	107
22	公园景观上色快速表现	113
23	室外木材表现	119
24	草丛的表现	120
25	小区景观上色快速表现	128
26	彩色铅笔技法	129
27	马克笔与彩铅混合技法	131

第一部分
项目基础训练

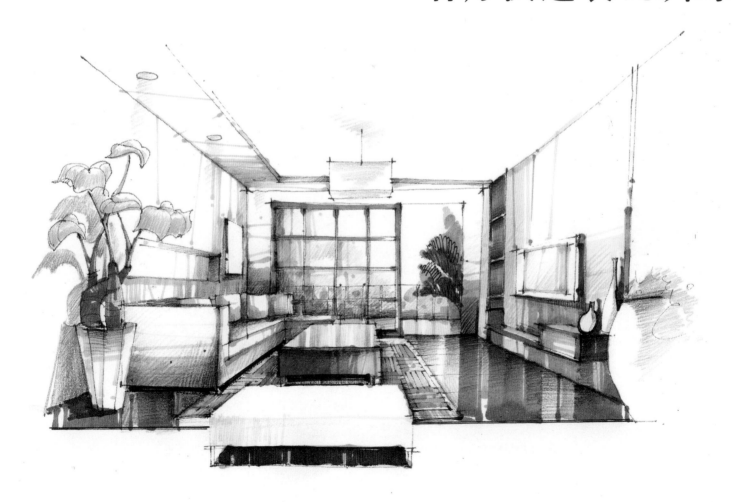

客厅快速表现训练

1.1 项目导引

室内客厅是家居中活动最频繁的区域,是整个居室空间的重中之重,它是设计师在设计时考虑最多的区域,也是家居设计中装饰的核心。客厅作为家庭的门面,其装饰的风格已经趋于多元化、个性化,它的功能也越来越多,一般同时兼顾起居、会客、展示、娱乐等功能。

本项目客厅快速表现训练将在教学中要求学生从大量的线条练习开始,然后掌握平行透视客厅空间的制图原理,再进行室内单体的绘制训练,让学生对客厅空间中的单体小品透视原理、线条、上色等熟练掌握之后,再进行多个单体空间组合项目训练,最终完成一个完整的平行透视客厅快速表现项目。

1.2 技术准备

1.2.1 知识点1:平行透视原理

透视原理比较容易理解,但运用起来还是有一定难度的,主要反映在透视运用的熟练程度、透视运用的准确性和正确性、画面的空间透视美感和表现空间的设计主题与内涵上。平行透视又称为一点透视,其特点是一个灭点,一组相交线交于此灭点,一组平行线平行于画面,一组垂直线垂直

于画面。这种透视表现的范围广,纵深感强,能显示空间的纵向深度,适合表现庄重、稳定、宁静的空间;其缺点是画面显得呆板,有时与真实效果有一定差距。

步骤1:首先在纸中间绘制一个基本面,在基本面上标注房间的尺寸单位,以1 cm=1 m为比例。此房间尺寸为3 m(高)×4 m(宽)×5 m(长)。如图 1-1所示。

平行透视画法

步骤2:确定视平线HL和消失点VP,此处将HL线确定为房间的1.5 m处,VP点大致按照基本面的2:3或1:2的位置来确定。然后将 VP点与基本面的四个点连接并延长,就画出了房间的墙线,形成房间空间。如图1-2所示。

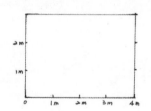

图 1-1

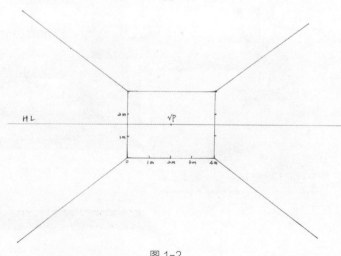

图 1-2

步骤3：将基本面底部的墙线延长至基本面以外（方向任意），根据房间尺寸的要求向外延长5 m的距离并标记，然后在5 m以外接近5 m的HL线上确定M点。如图1-3所示。

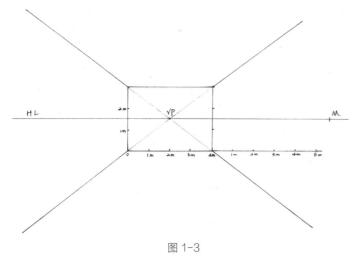

图1-3

步骤4：由M点分别向延长线上标注的尺寸引线并延长到右侧墙线上，由此得到长5 m房间的透视距离。如图1-4所示。

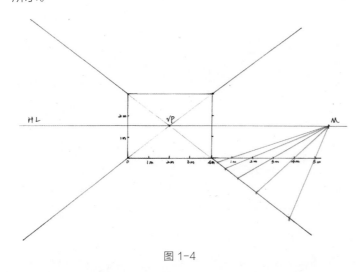

图1-4

步骤5：根据平行透视原理，分别引水平线与垂直线，生成平行透视的透视框架。如图1-5所示。

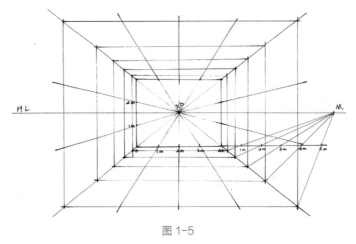

图1-5

下面以一个长方体为例，通过观察其平面图及侧面图，最终绘制出长方体的平行透视图。EP：视点； VP：灭点（消失点）； HL：地平线。如图1-6、图1-7所示。

在绘制室内空间时，灭点位置不同、视平线位置不同，

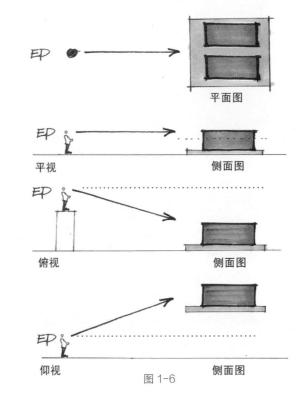

图1-6

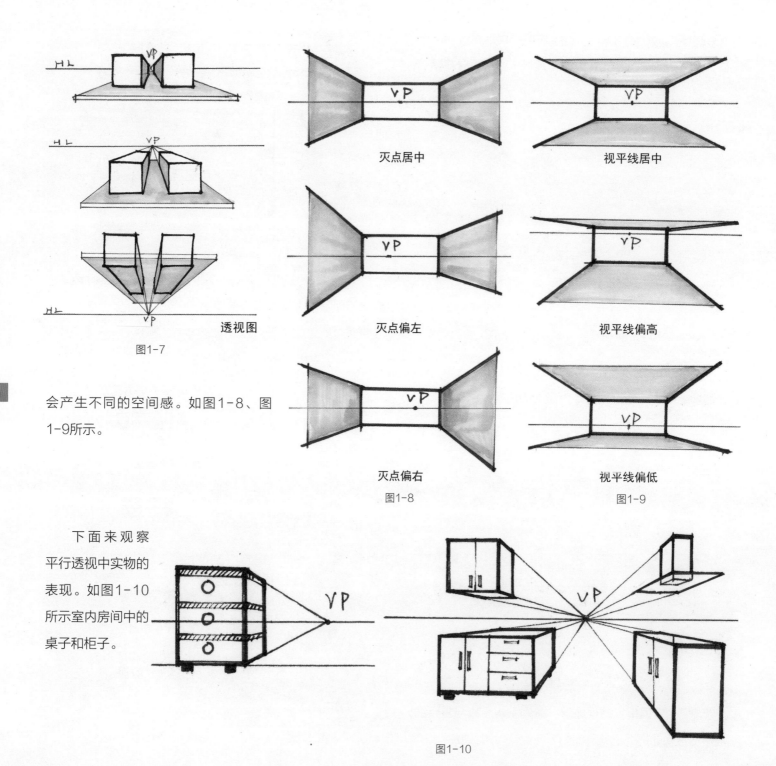

图1-7 透视图

灭点居中　　视平线居中

灭点偏左　　视平线偏高

灭点偏右　　视平线偏低

图1-8　　　图1-9

会产生不同的空间感。如图1-8、图1-9所示。

下面来观察平行透视中实物的表现。如图1-10所示室内房间中的桌子和柜子。

图1-10

下面根据效果图观察平行透视特征表现。如图1-11、图1-12、图1-13所示。不难发现平行透视中只有一个灭点，空间中所有的变线都消失于灭点。

图1-11

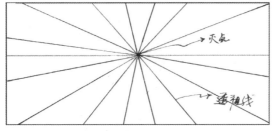

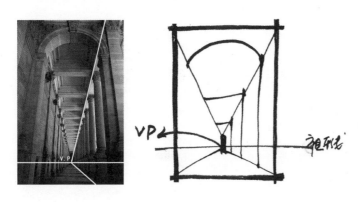

图1-12

图1-13

平行透视中很容易犯一些错误，例如，出现多个灭点。如图1-14所示。

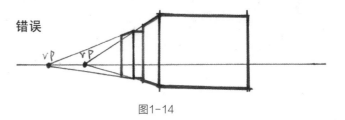

图1-14

1.2.2 知识点2：客厅单体绘制方法及快速表现步骤

1.线条

在快速表现之前，首先要了解手绘线条的绘制方法，并经过大量的练习熟练掌握手绘线条的绘制精髓。下面先来学习手绘过程中最基础，也是最关键的线条。

线条是设计师手绘效果图时所使用的最基本的要素，也是设计表现的灵魂。点通过有规律的排列组成线，线再重新组合排列形成面。不单单是环境设计方向，任何一个设计构成都是由看似简单的元素通过重组而形成的。线条作为点、线、面的构成要素之一，通过在画面中灵活运用，可演绎出千变万化的造型。线条通过长短、粗细、曲直、虚实、快慢、轻重、疏密等变化既可以勾画物体的轮廓，又可以描绘它们的明暗和质感。要想徒手把线条运用得舒展而柔美、粗犷而有力，就必须大量练习。

在开始训练之前，首先，要建立信心。初学者在刚开始学习手绘时都会非常小心，很怕线条画得过长；或是画得过于小心导致线条很短，反复描绘；或是怕线条画得不直；这些都是初学者十分担心的问题。问题一旦出现且没有可以解决的方法，最后会以失败告终。其实只要持之以恒，是一定可以把手绘效果图练好的。再者，徒手表现所要求的"直"，只是感觉上大体的"直"就可以，如果像用直尺画的那样，虽然直了，但是机械、呆板，反而违背了艺术表现的规律，看起来就没有艺术感了。其次，很多初学者在刚开始训练时羡慕一些手绘效果图高手，盲目地临摹他们的作品中线条的气势与细节。这种本末倒置的做法，将会导致初学者陷入线条表面上的修饰而忽略空间物体的透视结构。初学者应该把基础打牢，然后再加入自己的艺术风格，这样才能使自己的艺术道路走得更远。

（1）直线

直线一般由起笔、运笔、落笔的过程完成，练习直线线条时要注意下笔快慢、轻重的变化。练习时，心要静，不要浮躁；手腕与手臂一起动；不要刻意地追求"直"，要相信功到自然成的道理。如图1-15所示。

注意：

①起笔要稳，可以稍微有点 顿笔。

②运笔不可求快，要稳，要轻，用心去体会运笔过程。

③落笔要求稳，停笔时不要马上提笔，需来回稳两下。

线条绘制

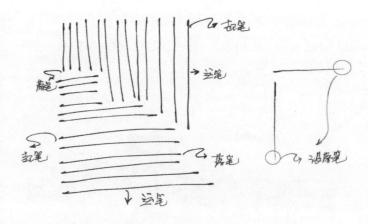

图1-15

④切忌线条的头尾没有顿笔，运笔过程中不要犹豫不决，如遇错误，重新画上正确线条即可。

（2）斜线

斜线具有张力，有运动的感觉。此种线条不容易掌握，要从不同角度多加练习。起笔、运笔、落笔的方式如同直线，但要根据线段的不同角度，以及个人习惯来掌握斜线的绘制规律。

图1-16中分别列出 0°~45°、45°~90°、90°~180°、180°~270°和 270°~360°时，斜线①—②的方向比较顺手。

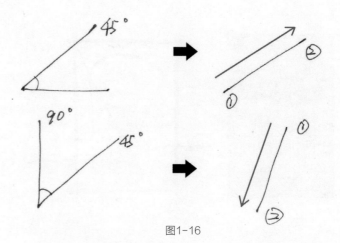

图1-16

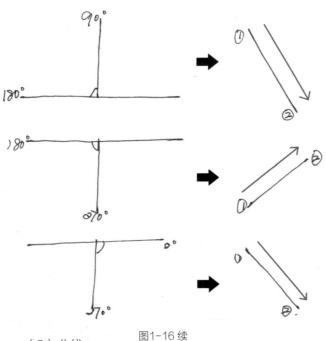

图1-18是不同线条的组合训练。

图1-18

图1-16 续

（3）曲线

曲线具有女性化的象征，在室内外设计中加入曲线造型，会给画面增添节奏感与韵律感。如图1-17所示。

2.单体线条表现步骤

在几何体的基础上再转变为其他造型，例如绘制沙发时，先将它归纳为一个整体方形，再进行一步一步的绘制。

在绘制一个新物体时，将它当成一个几何体的概念，先画它的形体轮廓。如图1-19所示。

单体线条表现

图1-17

图1-19

当形体轮廓完成再进行细节的刻画。如图1-20所示。

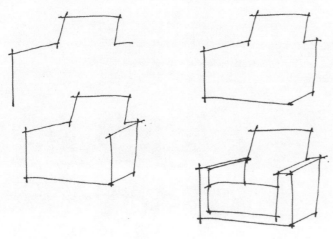

图1-20

最后进行投影及局部细节的刻画。如图1-21所示。

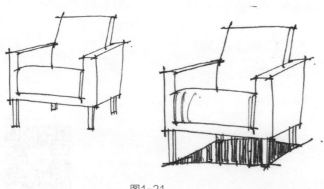

图1-21

3.上色

（1）工具的认识

手绘效果图的工具种类繁多，大体可分为：

①制图工具

尺规：三角尺、丁字尺。

描线笔：用来徒手勾画线条，要求墨水流畅、快速，有水性与油性之分。

图纸：一般是 A3、A4规格复印纸（80克纸最佳）、硫酸纸、色卡纸、绘图纸等。

②着色工具

马克笔（MARKER）：又称麦克笔，它方便、快捷、色彩艳丽，受到广大设计师的欢迎。马克笔不仅可以表现快速设计的草图，还可以深入刻画细部。如果再将其与彩色铅笔、水彩等工具结合使用，会带来更加绚丽的效果。马克笔分为油性和水性两种，前者在绘画过程中颜色可反复叠加，而后者最好是一遍成功。两者都不宜涂改过多，否则会导致画面色彩浑浊、脏乱。如图1-22所示。

图1-22

如图1-23所示是韩国"Touch"马克笔色标参考。韩国"Touch"马克笔全套120色，油性，不必全部购买，挑选常用的60色基本够用。

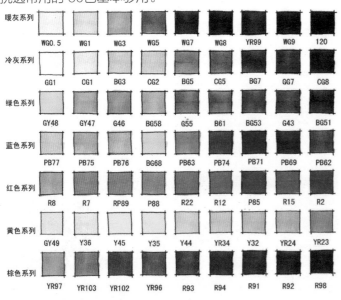

暖灰系列	WG0.5	WG1	WG3	WG5	WG7	WG8	YR99	WG9	120
冷灰系列	GG1	CG1	BG3	CG2	BG5	CG5	BG7	GG7	CG8
绿色系列	GY48	GY47	G46	BG58	G55	B61	BG53	G43	BG51
蓝色系列	PB77	PB75	PB76	BG68	PB63	PB74	PB71	PB69	PB62
红色系列	R8	R7	RP89	P88	R22	R12	P85	R15	R2
黄色系列	GY49	Y36	Y45	Y35	Y44	YR34	Y32	YR24	YR23
棕色系列	YR97	YR103	YR102	YR96	R93	R94	R91	R92	R98

图1-23

（2）马克笔技法训练

马克笔的用笔要多练，根据物体的结构来绘制能更好地体现空间结构。初学者在运用马克笔手绘的过程中容易过于注重表面的笔触漂亮而忽略了结构，导致最后的画面给人一种混乱的感觉。应该先绘制出物体的结构关系，然后刻画细节，最后才是笔触的修饰。重要的是画关系，例如明暗关系、冷暖关系、虚实关系，这些才是主宰画面的灵魂。

①线条与笔触

马克笔笔触的排列和组合，是学习马克笔表现首先要解决的问题。在运笔的过程中要快，起笔与落笔都不能停留太久。马克笔的笔触大致分为Z字形和N字形。在用马克笔上色的过程中，要从浅色到深色，一层干后再加另一层。如图1-24所示。

线条与笔触表现

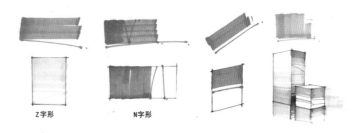

Z字形　　　　　N字形

图1-24

②色彩混合叠加

马克笔的色彩具有透明度，所以在混合时会产生不同的效果，图1-25列举了单色重叠、同色系重叠、多色系重

单色重叠　　　　同色系重叠　　　　多色系重叠

图1-25

●单色重叠：同一色彩的马克笔，通过反复的涂抹，会产生越来越深的颜色。这样有利于绘制物体的空间层次感，但是反复的次数不宜过多，否则会造成画面浑浊的感觉。

●同色系重叠：同色系重叠会产生渐变的效果，更好地表现物体的空间层次感。

●多色系重叠：多色系重叠也是马克笔表现中经常遇到的一种重叠。在进行绘制之前，一定要对各个颜色进行搭配选择，在绘制过程中注意色彩衔接的过渡要自然。

（3）质感的表现

质感是指某物体的材质、质量带给人的感觉，是材料的外部特征。在进行表现图绘制时，我们不仅需要表现不同物体的形体、透视、构图，还要表现不同物体的质感，区分物体之间的外部材质，例如，木材、石材、塑料、玻璃、金属，不同的材质具有不同的表现肌理。所以在表现物体材质时，马克笔的笔触方向应该和材质的纹理保持一致。我们还可以把马克笔和彩色铅笔结合起来使用，以马克笔为主，用马克笔上基本颜色，然后适当加以彩色铅笔过渡，会达到更好的效果。

●木材的表现

在室内装饰设计中，木材的使用最为广泛，因为木材本身容易加工，又易出效果，能够给室内营造出空间舒适、温暖的感觉。木材由于纹理细腻，又可以用油漆粉刷成各种颜色，呈现出的色泽光亮、饱和度高。我们在绘制木材时，先用马克笔遵循木材的本色绘制大体颜色，再用彩色铅笔辅助绘制其纹理，不同的木材表面纹理也不尽相同，最后绘制出逼真的质感效果。

●金属、玻璃材质的表现

金属和玻璃有着共同的特点，质地坚硬、光泽性强，尤其是高光部位特别亮，物体投射在金属上会呈现出强烈的倒影。我们在绘制金属、玻璃材质时要采用马克笔的干画法，用笔有力、坚定，色彩明度对比强烈，这样才能反映出物体材质生硬、反光强烈的质感。

●石材的表现

在公共场所中，例如，商场、写字楼、宾馆等空间，石材运用较多。市场上常见的石材主要有大理石、水磨石、合成石等，石材表面质地坚硬、光滑明亮，在绘制表现时应先保留高光和反光部位，充分考虑到对倒影的表现，常以竖直的笔触表现倒影，近处与远处的倒影应表现出近实远虚的效

果。在色彩冷暖上也应有相应的变化，这样表现出来的石材色彩丰富、效果逼真。

●皮革、织布材质的表现

皮革和织布制品在室内陈设中比较常见，这些材质表现出柔和、弹力强的特点。在绘制时，应采用马克笔的湿画法来增强表现效果。

4.马克笔表现步骤

下面以单体沙发表现步骤为例加以说明。

首先，绘制出线稿。如图1-26所示。

其次，将物体的固有色表现出来。如图1-27所示。

马克笔表现步骤

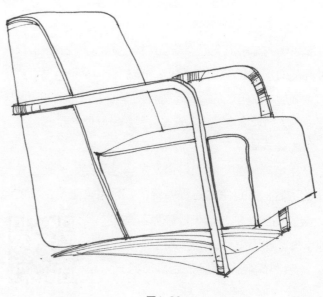

图1-26

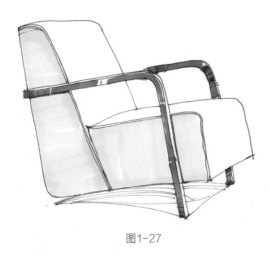

图1-27

再次，将物体的明暗关系，受光面与背光面表现出来。如图1-28所示。

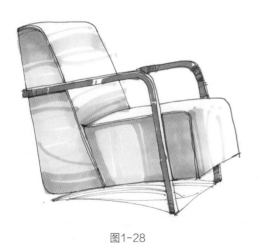

图1-28

最后，进行细节刻画。如图1-29所示。

图1-29

最终效果如图1-30所示。

图1-30

1.2.3 知识点3：沙发的表现

家具是室内设计中最为常见的重要元素，家具的种类繁多、风格迥异，不同风格的家具会营造不同风格的室内环境。在客厅空间中，沙发占据着较大的比重，沙发的颜色及形态对整个空间风格定位起到了非常重要的作用。如图1-31所示。

沙发的表现

图1-31

图1-31续

1.2.4　知识点4：电视柜的表现

　　电视柜的表现可根据沙发的整体风格而定位，电视柜的材质一般多为木材，所以在绘制过程中应注意线条的表现，线条应以硬朗而果断的直线居多。如图1-32所示。

图1-32

1.2.5　知识点5：电视的表现

　　电视的表现一般采用简洁明朗的线条及色调，线条概括出电视的款式即可，不必对细节有过多的表现，色调的选择也采用同样的处理办法。如图1-33所示。

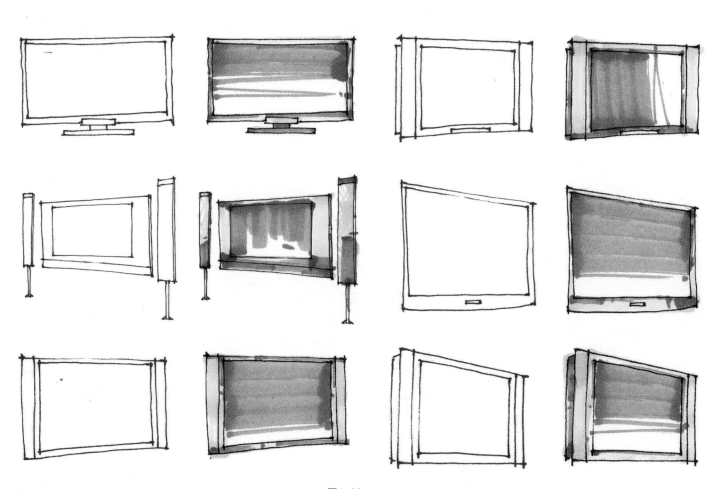

图1-33

1.2.6　知识点6：茶几的表现

　　茶几是客厅中必不可少的家具，茶几的造型风格、色彩不仅要与周边家具相协调，还要与整体的空间环境一致。这样会给客厅空间风格以和谐、惬意的感觉。表现时应以配合沙发表现为主，茶几表现简洁明快即可。如图1-34所示。

茶几的表现

图1-34

手绘效果图设计详解

1.2.7 知识点7：灯具的表现

客厅灯具中主要有吊灯和落地灯，吊灯的造型一般比较复杂，对线条的要求较高，线条绘制的好坏决定了吊灯的表现优劣，上色时注意光源的照射方向及投影的绘制。如图1-35所示。

灯具的表现

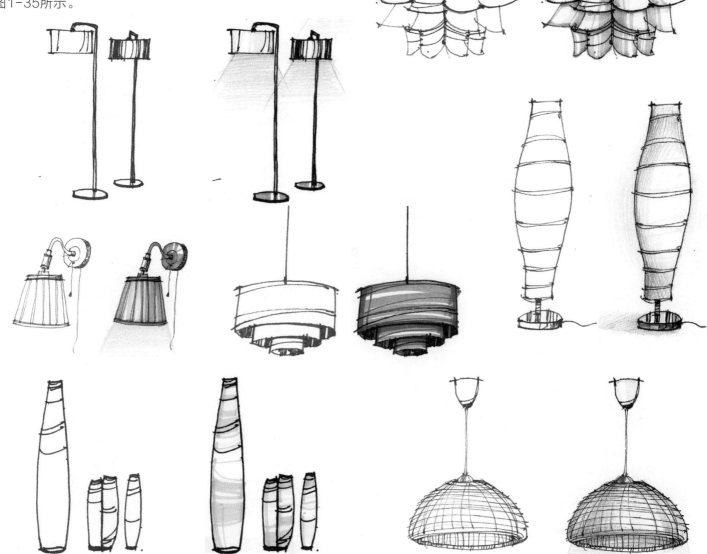

图1-35

1.2.8 知识点8：客厅绿化的表现

客厅绿化在手绘表现中尤为重要，它起到了画龙点睛的作用，也是补充构图的一种手段，所以在绘制时我们应重视其细节的表现。客厅的绿化我们一般搭配较大型的植物，绘制时细节较多，色彩的表现可衬托客厅空间的整体效果。如图1-36所示。

客厅绿化的表现（小型植物）

图1-36

1.2.9 知识点9：客厅装饰品的表现

客厅装饰品一般摆放在茶几或者电视柜上，起到装饰空间、调节空间色彩搭配的作用，绘制时注意不要喧宾夺主。如图1-37所示。

图1-37

1.3 项目实施——室内客厅快速表现

1.3.1 客厅线稿步骤分解

根据客厅平面图将画面的中心点高度定在空白纸的40%~50%处，视点高度定在1000~1500 mm处为最佳。按照透视原理定出5000 mm的空间进深，徒手快速表现体现的是设计师的概念以便快速地与客户进行沟通，所以可以有较小的误差。如图1-38所示。

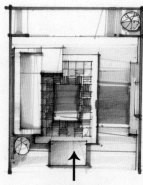

客厅平面图

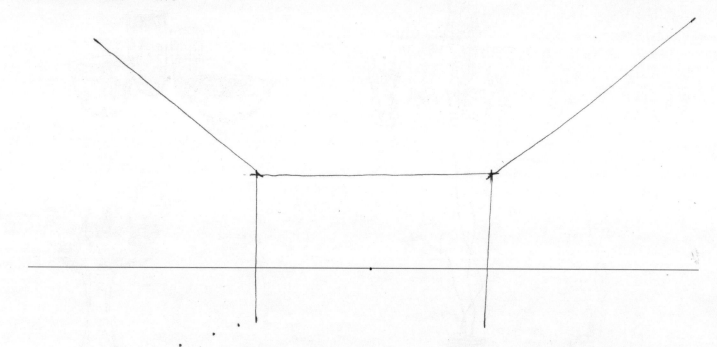

图1-38

快速表现时应先从前面画起，依次向内画，这样可以避免画面中不该出现的线条出现。定位好画面透视关系后，依照从前向内的步骤我们画出沙发的高度850 mm。如图1-39所示。

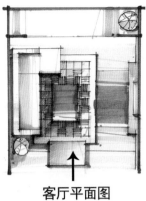

客厅平面图

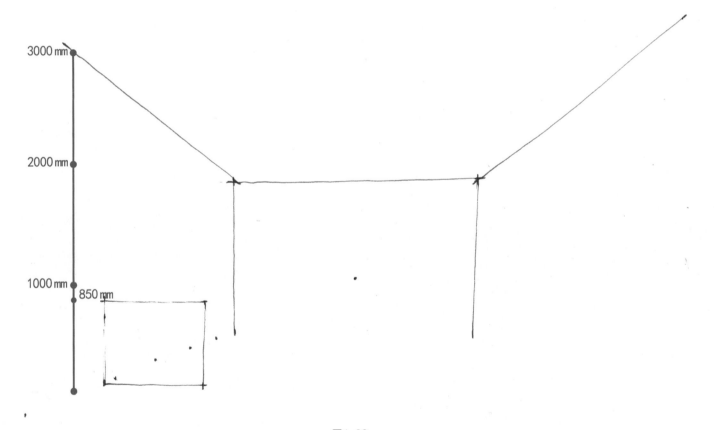

图1-39

依据透视原理及平面图，找到沙发进深位置。线条运用要有轻重缓急。如图1-40所示。

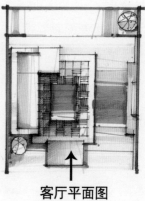

客厅平面图

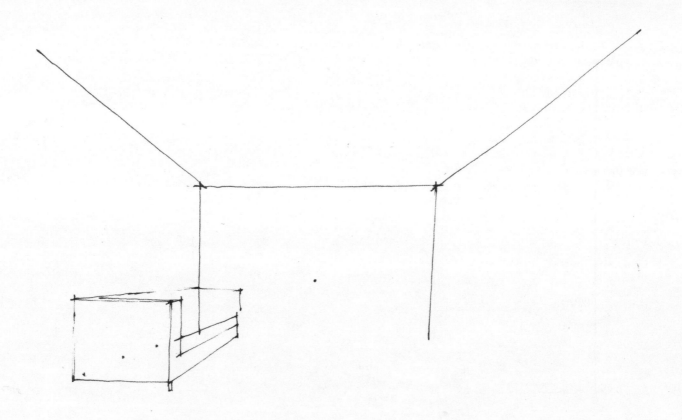

图1-40

依据平面图利用沙发的位置定位茶几与沙发相距500 mm，茶几宽800 mm。如图1-41所示。

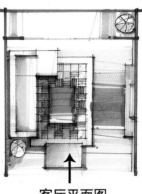

客厅平面图

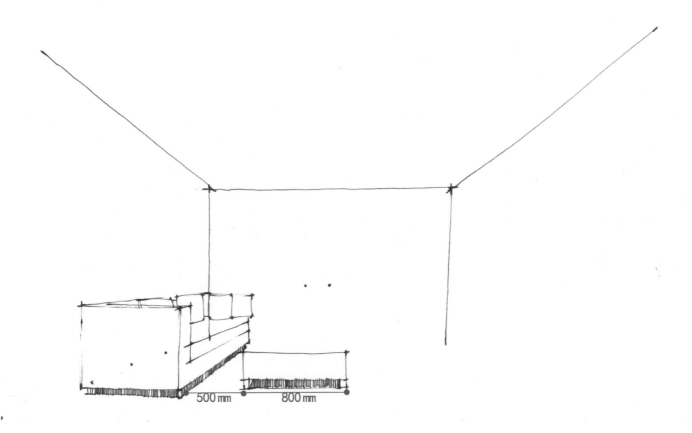

500 mm   800 mm

图1-41

依据平面图画出茶几的长度及沙发的剩余部分，并找准其投影位置。如图1-42所示。

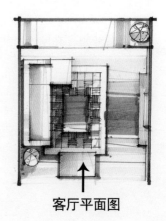

客厅平面图

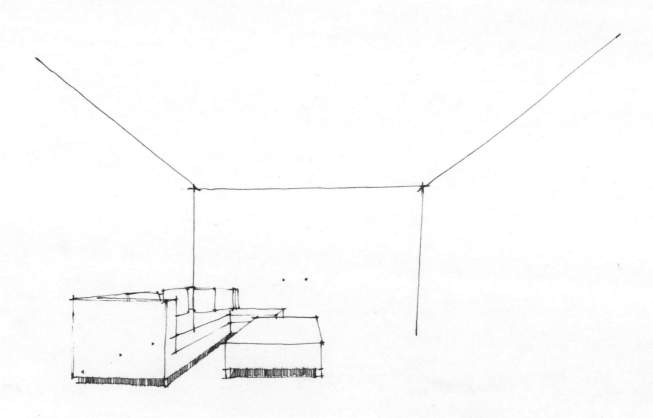

图1-42

依据平面图依次找到电视的位置和电视柜的位置。如图1-43所示。

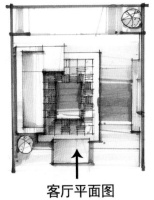

客厅平面图

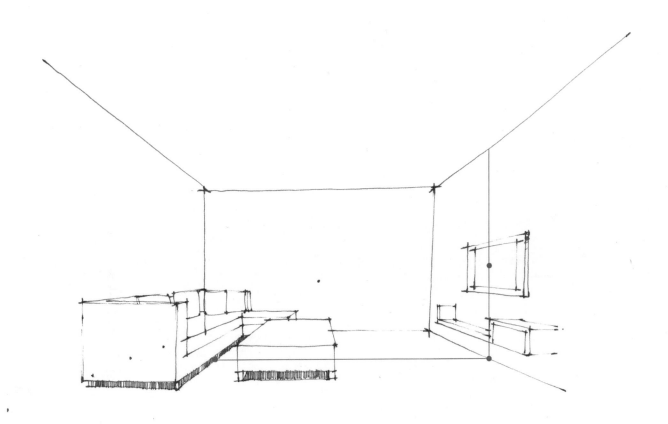

图1-43

依据平面图及透视原理，找出其他物体的准确位置。如图1-44所示。

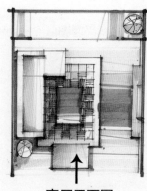

客厅平面图

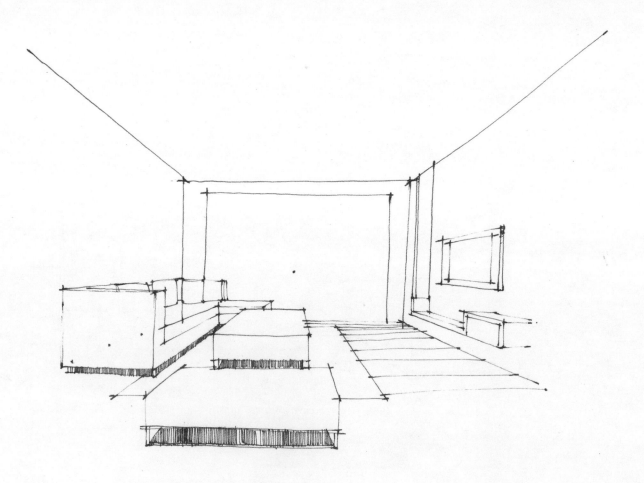

图1-44

依据平面图，从沙发的中间点作平行线交于墙线，再作垂直线找到电视的位置，依次找到吊灯的位置。如图1-45所示。

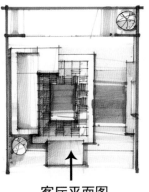

客厅平面图

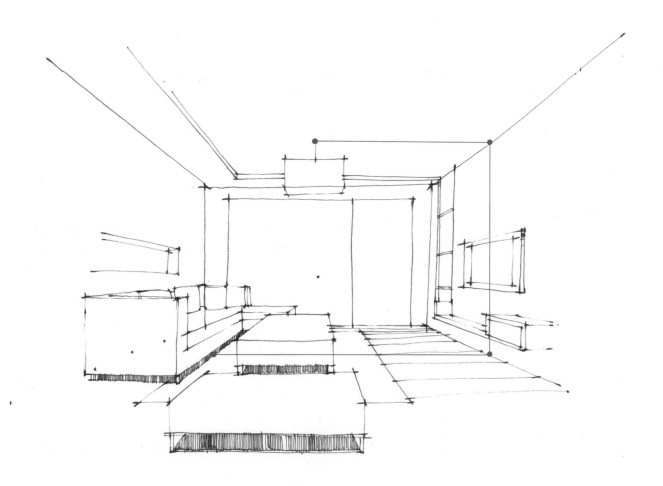

图1-45

线稿成稿。如图1-46所示。

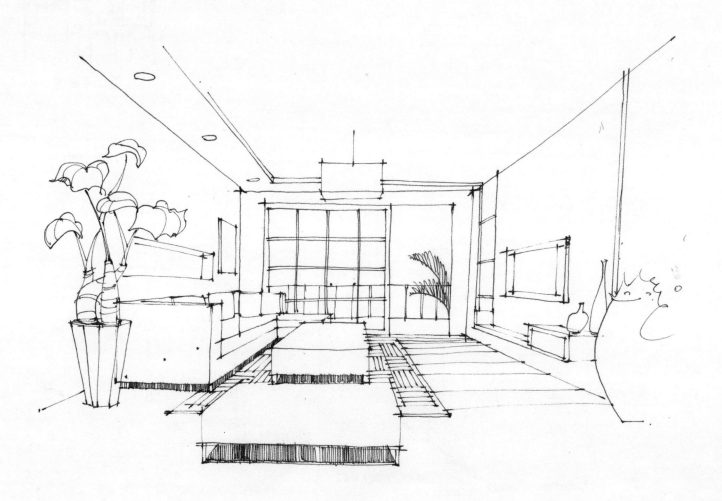

图1-46

1.3.2　客厅上色步骤分解

将沙发和茶几的固有色绘制出来，给房间定位一个基本色调，注意下笔要快。如图1-47所示。

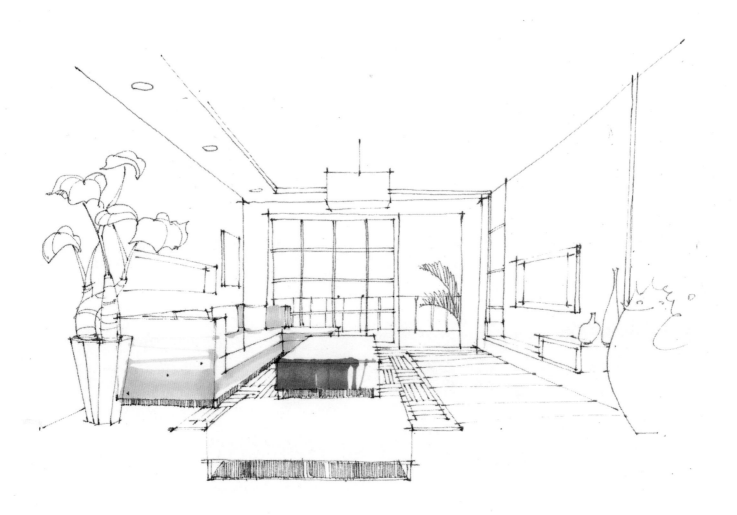

图1-47

将左右墙面的固有色绘制出来，此时画面的大体色调已经定位，注意笔触的表现。如图1-48所示。

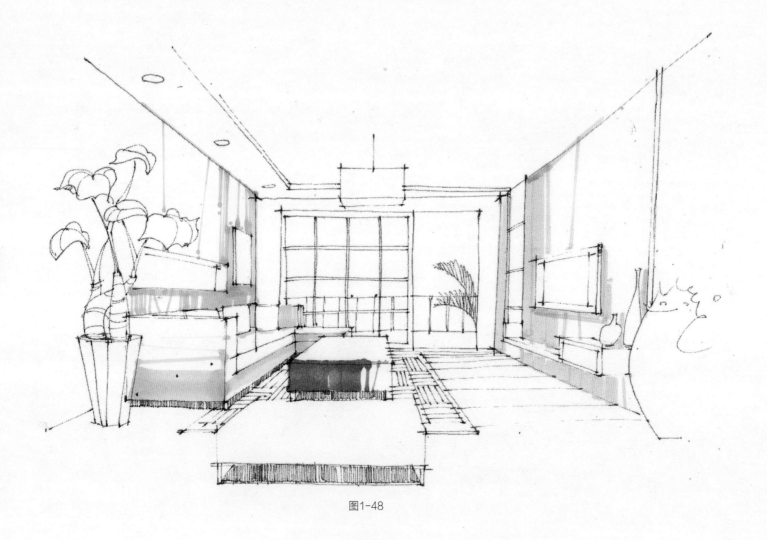

图1-48

将沙发和茶几固有色的明暗关系的层次进一步深入表现，将投影部分加深。如图1-49所示。

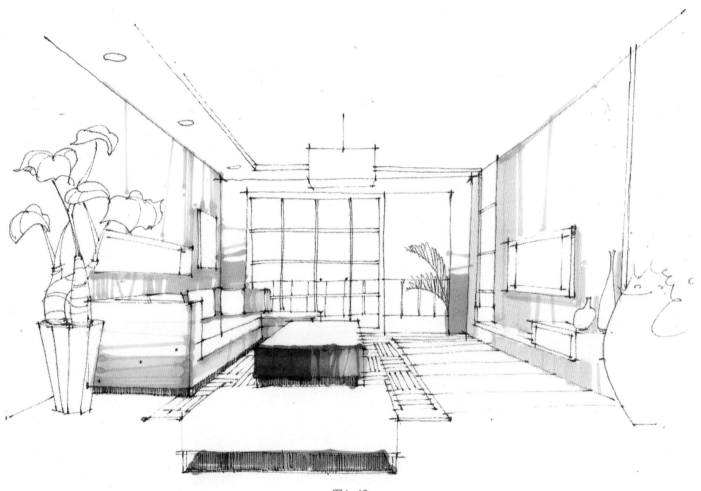

图1-49

将左右墙面的投影关系表现出来，注意色调冷暖变化，同时对沙发和茶几的暗部细节进一步加深表现。如图1-50所示。

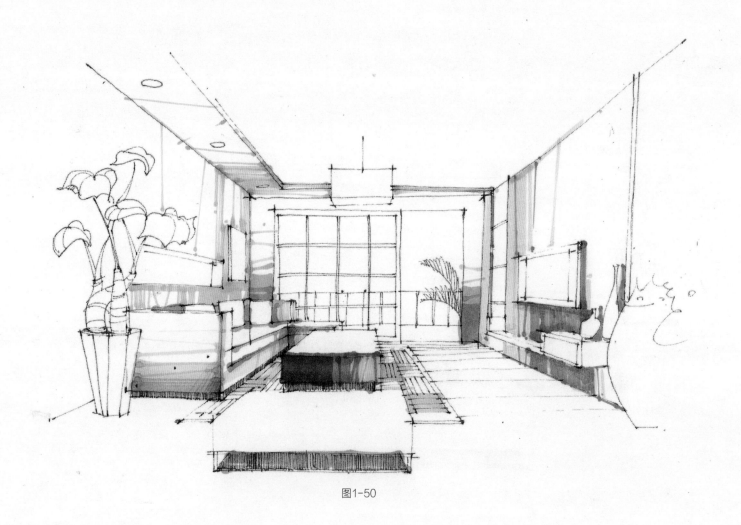

图1-50

将木地板的受光和倒影表现出来，注意色彩变化要丰富，下笔要快，色彩饱和度不要过度艳丽。如图1-51所示。

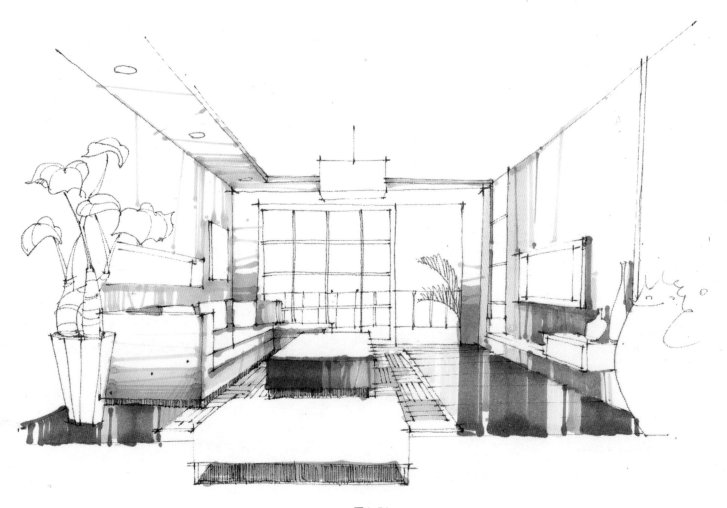

图1-51

将沙发靠垫的固有色绘制出来，地毯颜色由内向外逐渐变浅，注意环境色及互补色的运用。如图1-52所示。

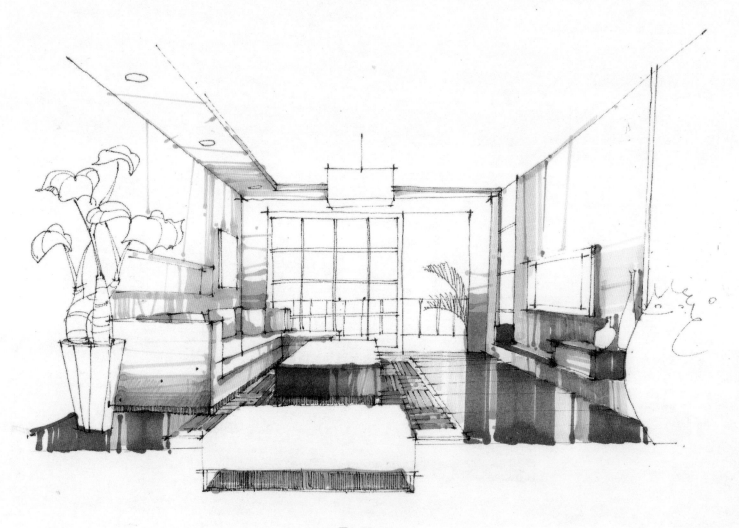

图1-52

利用彩色铅笔进一步加深物体的明暗关系，并利用彩色铅笔色彩丰富的优势来表现环境色及物体的冷暖关系。如图1-53所示。

图1-53

进一步加深物体的明暗关系，画面整体要统一，要有轻重缓急。如图1-54所示。

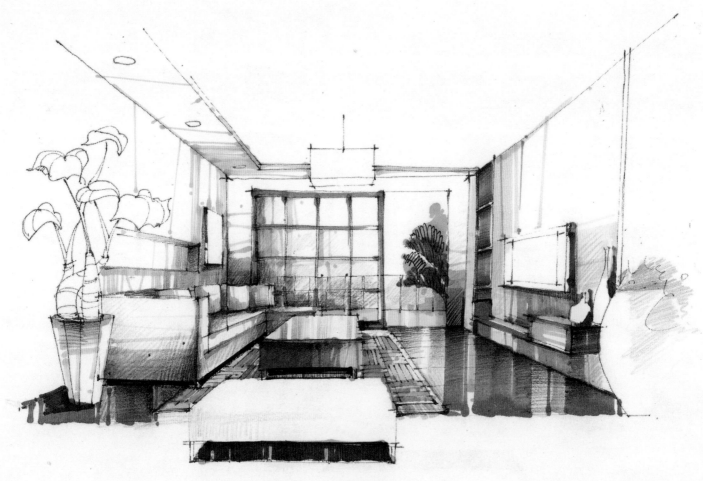

图1-54

成稿。如图1-55所示。

图1-55.

客厅上色
快速表现

1.4 技术拓展——素描、色彩、构图知识

手绘效果图是设计师应具备的能力之一，它具有准确性、真实性、说明性、艺术性等特点。反映空间的真实性，是设计师手绘效果图的前提。而准确性是效果图的生命线，绝不能脱离实际尺寸而随心所欲地改变形体和空间的限定；或者完全背离客观的设计内容而主观片面地追求画面的某种"艺术趣味"；或者错误地理解设计意图。在学习手绘效果图之前，要明确其特点才能为今后的学习奠定正确的方向。一个手绘效果图设计师要具备三方面的基本能力：美术基础、透视基础及设计能力，有了这三方面能力的完美结合才能绘制出一张优秀的效果图。

1.4.1 素描与效果图

1.概念

素描是设计师在初期学习过程中必须要掌握的。通过素描的训练，可以培养设计师的观察能力、分析能力、总结概括能力和创新造型能力等诸多方面的综合能力。正如《不列颠百科全书》中说道："素描是一种正式的艺术创作，以单色线条来表现直观世界中的事物，亦可以表达思想、概念、态度、感情、幻想、象征甚至抽象形式。它不像绘画那样重视总体和色彩，而是着重结构和形式。"如图1-56～图1-61所示。

图1-56   作者：李骁衡

图1-57   作者：夏明月

作者：夏明月
图1-58

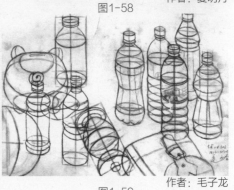

图1-59   作者：毛子龙

图1-60　　　　　　　　　　　　作者：杨毅

图1-61　　　　　　　　　　　　作者：姜馨

2.形体

我们具备素描基础之后，就可以解决物体的形体问题了。这其中包括物体的造型和结构关系的表现。作为一名设计师，应该时刻把握物体形体的准确表现、整体与局部的比例关系，准确概括地表现空间物体的体面关系是十分重要的。

在手绘表现的训练过程中，首先，我们要从单个物体的形体入手，深入了解其结构。通过大量练习之后，能够快速、准确地表达任何物体的形体结构。其次，我们需要进入组合物体的形体结构的练习中，深入研究物体形体之间的穿插关系、前后关系及空间关系的表现。在表现的过程中，要注意概括物体黑白灰之间的关系，这为下一步空间组合的表现奠定基础。如图1-62、图1-63所示。

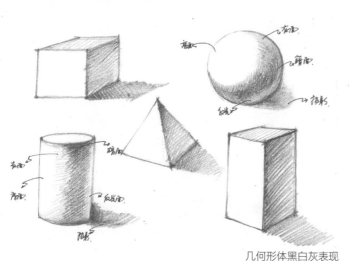

灰 是主要色调，黑与白是着重点

几何形体黑白灰表现

图1-62

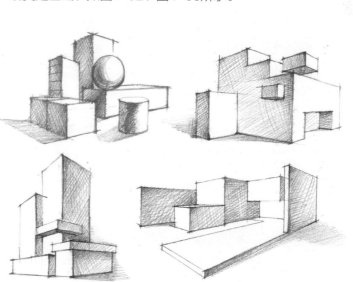

组合形体灰白黑表现

图1-63

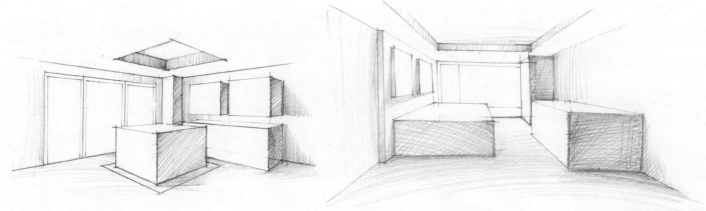

空间组合黑白灰表现

图1-64

物体在环境中都存在明暗关系，素描是通过绘制不同灰度的色调来体现明暗的。在手绘效果图学习中，素描的训练可以锻炼初学者对物体明暗关系的处理，从而达到对空间关系的理解与运用。我们通过临摹设计师的手绘效果图不难发现，在手绘效果图的画面中，都是由勾线笔绘制出空间物体的形体。由于勾线笔不像铅笔那样有粗细、浓淡的变化，所以我们用勾线笔来表现不同灰度的色调时要用排线的方法或者其他一些方法。

排线就是按照一定的规律排列线条，或多或少，或疏或密，按灰度的要求和体面大小而定。如图1-64~图1-67所示。

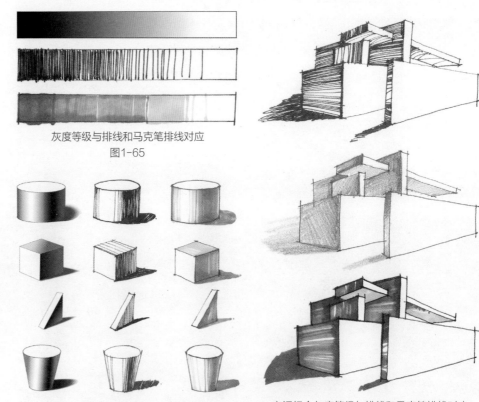

灰度等级与排线和马克笔排线对应
图1-65

几何体灰度等级与排线和马克笔排线对应
图1-66

空间组合灰度等级与排线和马克笔排线对应
图1-67

下面我们根据前面讲的灰度等级与排线，对一张实景照片分别进行线条表现、黑白调子表现、黑白灰调子表现。如图1-68～图1-71所示。

图1-68   照片

黑白调子表现（高对比度）

图1-70

图1-69   线条表现

黑白灰调子表现

图1-71

3.光线

我们具备素描基础之后，就解决了画面中的光线问题。这其中包括了画面光线、光影和物体质感的表现。一张成功的效果图不仅要求它的结构关系、形体表现得准确，还包括它的空间关系、体量感的表现到位，画面中光线及质感的表现不仅使得画面充满和谐与生活气氛，还能给客户传达准确的设计概念。

下面我们分别以室外和室内空间为例来展现光源对空间表现的黑白灰影响。如图1-72 ~ 图1-75所示。

图1-72

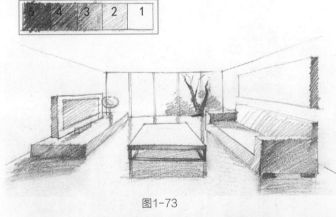

图1-73

物体受光倒影　　　　茶几受窗户倒影　　地面受墙面倒影反光
　　　　　　　　　　　　　　　　　　地面受光反光

图1-74

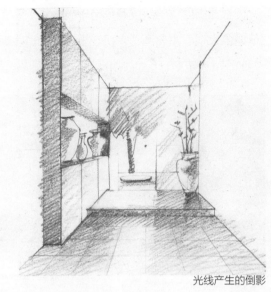

光线产生的倒影

图1-75

1.4.2　色彩与效果图

色彩原理对于效果图表现同样具有重要作用，它也是设计师在初学阶段要掌握的必备能力。通过对色彩原理的认识与训练，我们要了解手绘效果图中色彩的空间关系，注重空间的统一关系，着重表现物体自身的特性，如固有色、质感的表现。在效果图的用色方面，我们要力图表现物体的色彩特征及物体与空间环境的协调统一关系。

1.色相、明度和纯度原理

色相，即色彩的名称，也可以说是色彩的相貌和倾向，如大红、普蓝、柠檬黄等。色相是色彩的首要特征，是区别不同色彩的最准确的标准。色相环如图1-76所示。

明度，即色彩的明暗程度，明度对比是色彩的明暗程度的对比，也称色彩的黑白度对比。在手绘效果图中，明度对比是画面色彩构成的最重要因素，色彩的层次与空间关系主要依靠色彩的明度对比来表现。明度对比如图1-77所示。

纯度，也称饱和度或彩度，指色彩的鲜艳程度。饱和度取决于该色中灰色成分的比例，含灰色成分越高，饱和度越低。在手绘效果图中，物体色彩饱和度的运用，可以很好地表现空间远近关系、虚实关系。纯度对比如图1-78所示。

　　作品欣赏图1-79～图1-87。

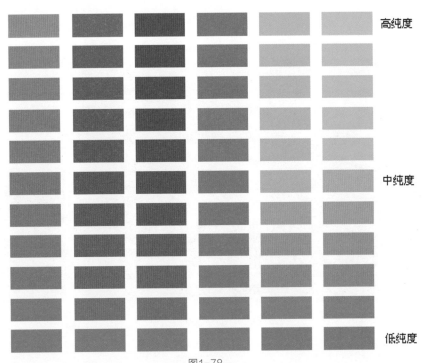

高纯度

中纯度

低纯度

图1-78

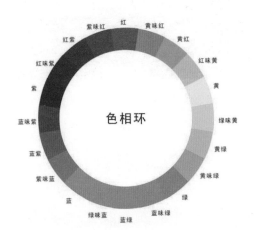

图1-76

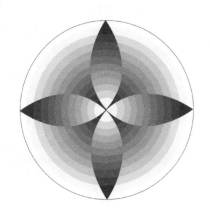

图1-77

作者：于洋

图1-79

作者：于洋

图1-80

图1-81　　　　　　　　　　　　作者：于洋

图1-82　　　　　　　　　　　　作者：苏萍萍

图1-83　　　　　　　　作者：巴勃罗·毕加索

图1-84　　　　　　　　　　作者：文森特·梵高

作者：文森特·梵高

图1-85

作者：马克·夏加尔

图1-86

作者：克洛德·莫内

图1-87

2.搭配与组合原理

两种或两种以上的色彩合理搭配，会产生统一和谐的效果，称为色彩调和。

●同类色调和

同类色调和是指在同类色相的色彩中，通过明度或纯度的变化来构成画面。同类色调和是最基本的调和法则，凡是同类色的配色都很容易达成调和。同类色的调和方法为：使之产生循序的渐进，在明度、纯度的变化上形成强弱、高低的对比，以弥补同类色调和的单调感。

●相似色调和

相似色调和是指色彩对比在相邻的色相范围内进行，如红与橙、蓝与紫等色的调和就能获得色彩调和。与同类色调和相比，相似色调和除了明度、纯度的变化外，还有小范围的色相变化。相似色调和主要靠相似色之间的共同色来产生。

同类色虽然容易达成调和，但掌握得不好，会有单调平淡之感，相似色调和有色相的变化，可以丰富画面，又因这种变化只在相似色中产生，不会造成过分的视觉跳跃。用相似色调和对色彩进行归纳、调整，对治理画面色彩的散乱和把握画面中的非主题对比是比较有效的。

●对比色调和

对比色调和是指色相相对或色性相对的某类色彩，如红与绿、黄与紫、蓝与橙的调和。人在看到某一色彩时，总是欲求与此相对应的补色来取得生理平衡。伊顿说："眼睛对任何一种特定的色彩，同时要求它的相对补色，如果这种补色还没有出现，那么眼睛会自动将它产生出来。"正是靠这种生理现象，色彩和谐的基本原则中才包含了对比色调和，并且在效果图中经常利用对比色调和以使画面更加生动丰富。

3.色彩原理在效果图中的作用

●利用色彩原理可以表现空间层次。如图1-88所示。

●利用色彩原理可以表现空间气氛。如图1-89所示。

●色彩有划分空间功能的作用。

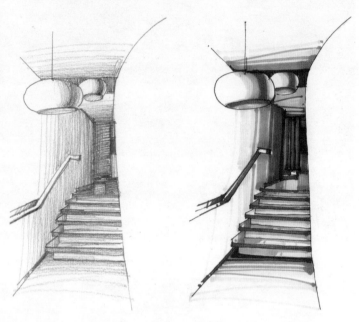

图1-88

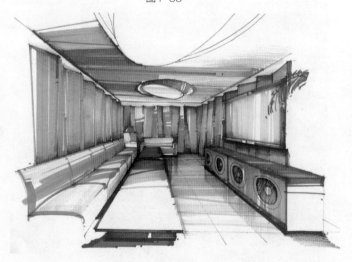

图1-89

如图1-90所示是一个空间用不同色相来表现，可见不同色相所呈现的空间效果。

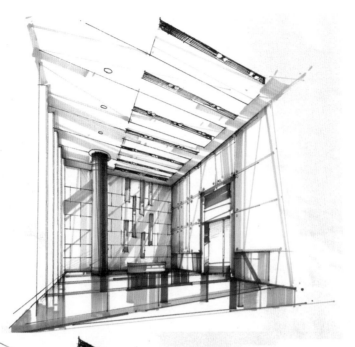

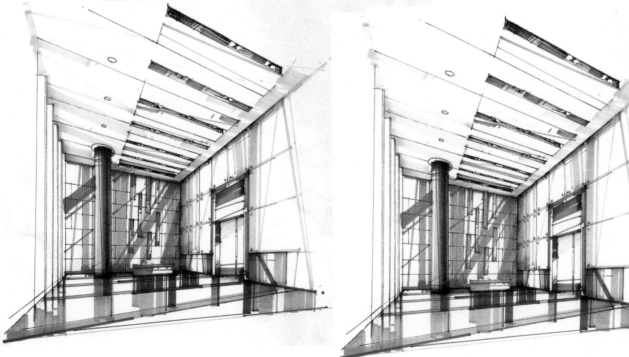

图1-90

1.4.3 构图与效果图

1.构图关系

在开始构思效果图前，首先要思考画面的布局和视点的选择，这对于之后的进一步绘制起到重要的作用。我们先来看画面中趣味中心的选择。

如图1-91所示趣味中心的选择可以看出，中心点过于居中会使人产生呆板、画面静止的感觉。所以一般我们在选择趣味中心时，将中心点安排在画面中略偏左侧或右侧一些，使得另一侧空间能留有较大的面积，会使整个画面较有动感，给人以舒展的视觉感受。

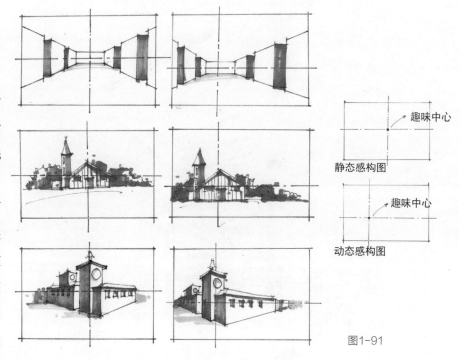

图1-91

在趣味中心的选择已经确定的情况下，我们还要注意构图均衡的原理。当画面中物体形状大小、数量多少、颜色重量等影响构图均衡的元素在画面中分布时，犹如杠杆原理一样要寻求均衡。如图1-92~图1-97所示。

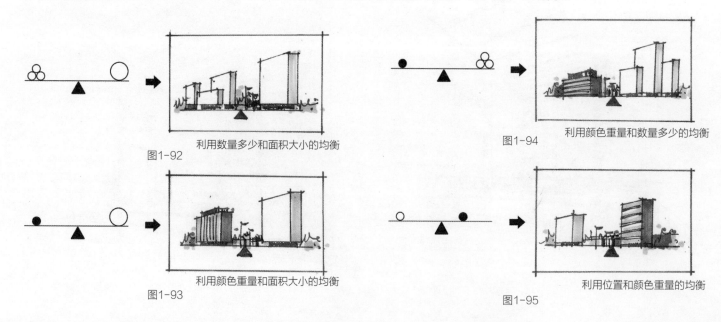

利用数量多少和面积大小的均衡

图1-92

利用颜色重量和数量多少的均衡

图1-94

利用颜色重量和面积大小的均衡

图1-93

利用位置和颜色重量的均衡

图1-95

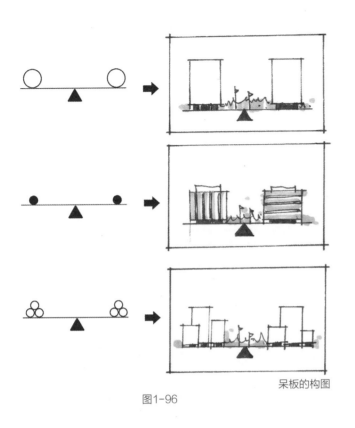

图1-96

呆板的构图

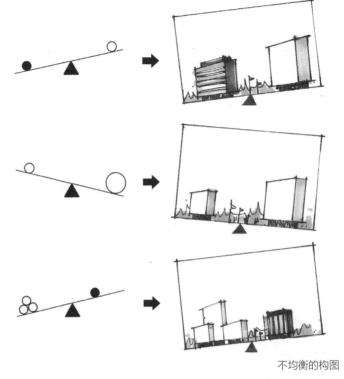

图1-97

不均衡的构图

2.疏密关系

构图中的疏密关系将直接影响效果图的视觉效果，一般为主体密，配景疏，整个空间有密有疏。

3.主次关系

空间环境表现图不仅仅是用来表现空间及内部形体的，它更适用于引导观察者，将视线转移到方案的个性及特色方面。通过空间中形体的主次表现，来突出重要的内容，强调重点并将空间中其他形体的表现粗略勾画。

1.5 项目小结

在中国大部分人的心目中，客厅是兼有接待客人和生活日常起居作用的。客厅是客户个性和品位的重要表达，所以我们应该非常重视客厅的表现训练。在线稿阶段，我们应把握客户需求，做到心中有数，下笔肯定而又不失灵活；上色时，注意色彩的和谐统一，素描关系要贯彻空间上色过程的始终。

餐厅快速表现训练

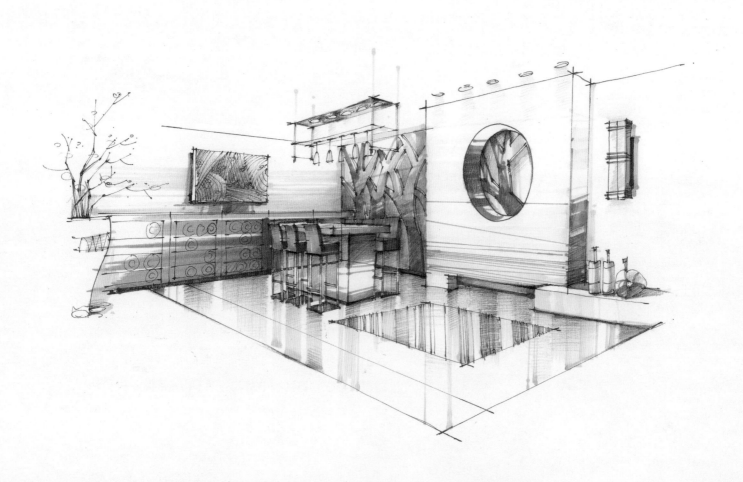

2.1 项目导引

随着人们生活水平的快速提高，餐厅日益成为家居中重要的活动场所，餐厅的设计既能创造一个舒适的就餐环境，还会使居室增色不少。餐厅的色彩适合用明朗轻快的色调，采用暖色系的搭配可以给人一种温馨的感觉。餐厅之中的窗帘、家具、装饰品的色彩也要与主色调合理搭配。灯光也是调节餐厅色彩的一种非常好的手段，在设计餐厅空间时也可以增加一些植物，营造良好的视觉效果。

本项目餐厅快速表现训练将在教学中要求学生掌握成角透视空间的透视原理之后，从大量的餐厅单体练习开始，让学生对餐厅空间一些单体小品的透视原理、线条、上色熟练掌握之后再进行多个单体在空间中组合的项目训练，最终完成一个完整的成角透视餐厅快速表现项目。

2.2 技术准备

2.2.1　知识点1：成角透视原理

成角透视原理又称为两点透视，其特点是两个灭点，两组相交线分别相交于两个灭点，一组垂直线与画面垂直。这种透视效果比平行透视多了一个透视面，所以画面效果比较自然，活泼生动，反映空间比较接近于人的真实感觉，缺点是角度选择不好易产生变形。

步骤1：首先在纸张的中间绘制一条视平线HL，延长至纸张的外部，然后在纸张的中心确定O点。作O点与HL线的向下垂直线，这是"视中线"，也延长到纸外。绘制O点到纸张边缘的最大距离（如纸张的右下角），再以这个距离的两倍长度在视中线上找到V点（在纸外）。如图2-1所示。

步骤2：由V点向HL线两端分别引直线，并确定两条直线之间的夹角为90°，也就是成角透视中左右墙的夹角。在HL线上分别交到两个点VP1、VP2，称为"灭点"。如图2-2所示。

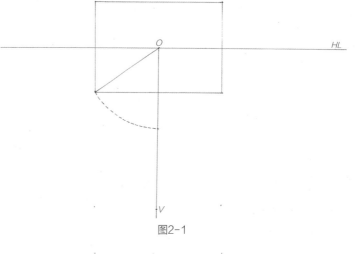

图2-1

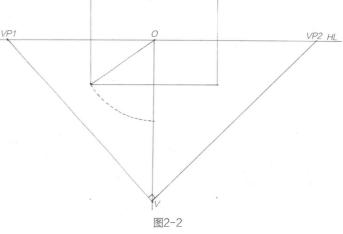

图2-2

步骤3：分别以VP1、VP2为圆心，VP1到V点（VP2到V点）的距离为半径，在HL线上生成两个测点M1、M2。如图2-3所示。

步骤4：根据成角透视视角要求，将左右墙的共享边线作为"真高线"，以1.5 m作为视高，并以1 m为单位等分真高线。然后画出真高线的垂直线作为测线，分别向右作5 m，向左作4 m，并以1 m的距离等分。此时房间的基本尺寸已经确定，3 m（高）*4 m（宽）*5 m（长）。如图2-4所示。

步骤5：将"真高线"上下两端分别与VP1、VP2相连，生成房间左右墙。用测点M1和M2分别与左右侧线上的平分标注点连线并延长到左右墙线上，由此得到了4 m和5 m的透视进深距离。如图2-5所示。

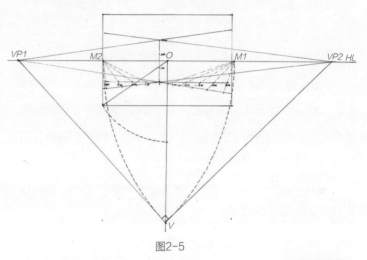

图2-5

步骤6：将得到的透视点分别与VP1、VP2相连，得到了成角透视房间的透视框架。如图2-6所示。

成角透视画法

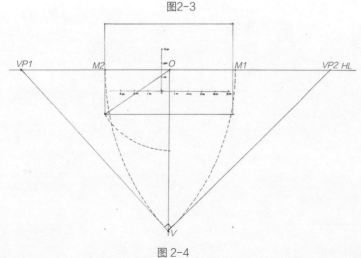

图2-3

图2-4

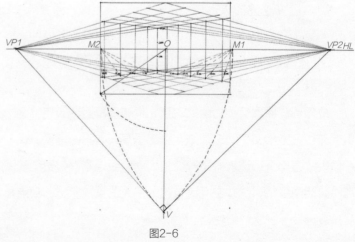

图2-6

下面我们以两个长方体为例，通过观察其平面图及侧面图，最终绘制出长方体的成角透视图。如图2-7、图2-8所示。

EP:视点

VP:灭点（消失点）

HL:地平线

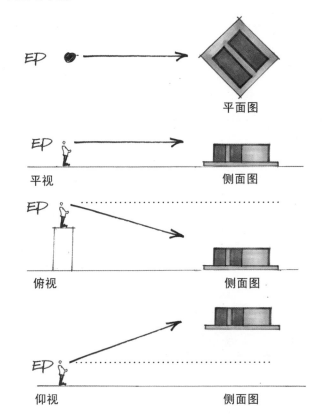

图2-7

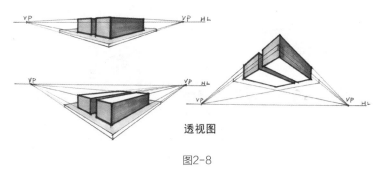

透视图

图2-8

下面我们根据效果图观察成角透视特征表现。如图2-9、图2-10所示。我们不难发现成角透视中有两个灭点，空间中所有的变线都消失于灭点。

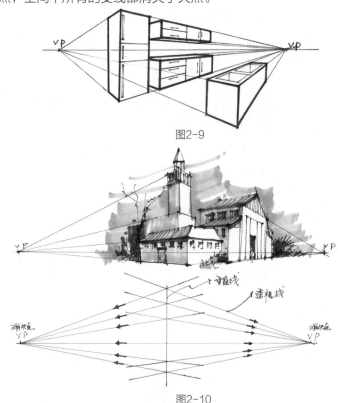

图2-9

图2-10

在绘制成角透视图中很容易犯一些错误，例如一个空间中应只有两个灭点，并且两个灭点应消失于一条视平线上。如图2-11所示，上图空间中两个灭点不在一条视平线上，下图一个空间中出现了多个灭点，均为错误。

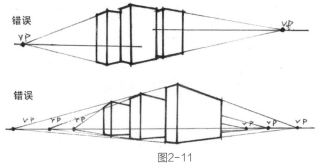

图2-11

2.2.2 知识点2：餐厅单体绘制方法及快速表现步骤

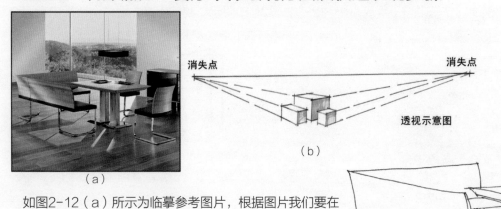

（a）

（b）

透视示意图

消失点　　　　　　　　　　　消失点

餐厅单体表现

如图2-12（a）所示为临摹参考图片，根据图片我们要在脑海中建立透视示意图。如图2-12（b）所示。分析物体之间的透视关系，进入线条的绘制。如图2-12（c）~2-12（e）所示。

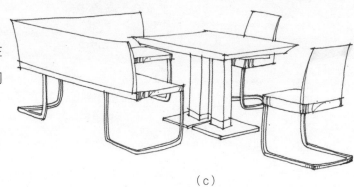

（c）

线条绘制要从前面物体开始，按照从前向后的顺序绘制。

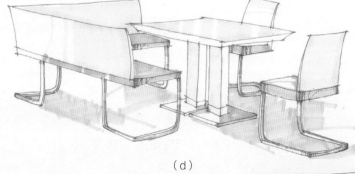

（d）

上色时先将物体的固有色表现出来，再将物体的明暗关系、受光面与背光面表现出来，最后进行细节的刻画。

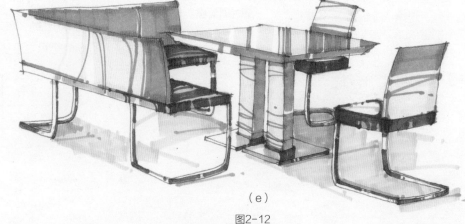

（e）

图2-12

2.2.3　知识点3：餐桌的表现

餐桌、餐椅的材质以木质和金属为主，二者在绘制上色的过程中冷暖搭配效果较好。餐桌的造型大体分为圆形和方形，圆形的餐桌比较灵活，适合面积较小的餐厅。加长的餐桌适合面积较大的餐厅使用，显得大气，折叠式餐桌适合小户型的空间摆放，不用的时候可以折叠起来，收在墙边，节省空间。如图2-13所示。

图2-13

2.2.4　知识点4：餐椅的表现

　　餐厅中的椅子一般与餐桌相搭配，多以木制和金属为主。餐椅与其他功能椅子的区别在于其靠背，主要起装饰作用，造型变化较多。如图2-14所示。

餐椅的表现

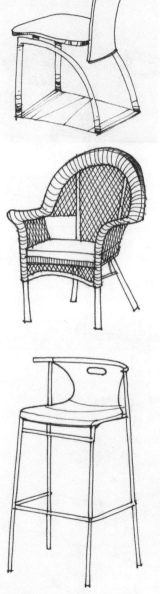

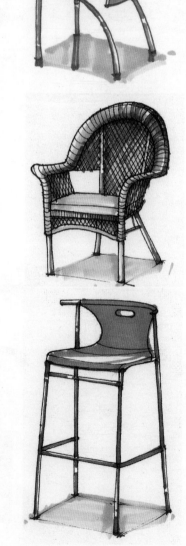

图2-14

2.2.5　知识点5：橱柜的表现

橱柜面板大多为纯色或木色，可以营造清洁的视觉感受。快速表现时线稿的绘制应能够表现出柜体的框架结构特点和准确的尺寸比例，简洁上色即可，不必对细节过多渲染。如图2-15所示。

图2-15

2.2.6 知识点6：餐厅绿化的表现

餐厅绿化多以桌子上的小型绿色植物为主，花瓶和花束可以选择有跳跃感的颜色，为整体环境做点缀，增添用餐时的温馨气氛。如图2-16所示。

餐厅绿化的表现
（大型植物）

图2-16

图2-16续

2.2.7   知识点7: 餐厅灯具的表现

　　餐厅灯具要与餐厅的整体装饰风格一致，设计时还应考虑餐厅面积、层高等因素。面积小、层高低的餐厅不适合选用繁复的吊灯，而面积大、层高高的餐厅则可以选用较为华丽的吊灯，照明的同时也能起到装饰空间的作用。如图2-17所示。

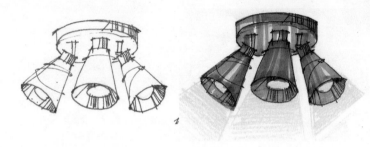

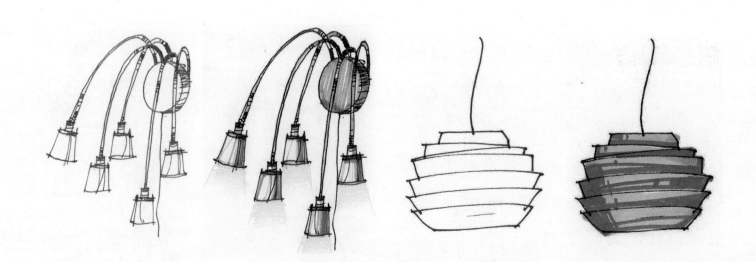

图2-17

2.2.8　知识点8：餐厅装饰品的表现

　　餐厅装饰品大多摆放在餐桌和置物柜之上，对空间起到点缀的作用，宜使用色彩鲜艳的颜色绘制。如图2-18所示。

餐厅装饰品表现

图2-18

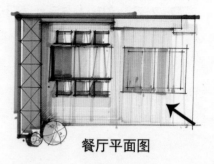

餐厅平面图

2.3 项目实施——餐厅快速表现

2.3.1 餐厅线稿步骤分解

根据餐厅平面图将画面的中心点高度定在空白纸的40%~50%处，视点高度定在1000~1500 mm处为最佳。在纸的两边分别找到两个灭点，绘制出左右墙面的位置。如图2-19所示。

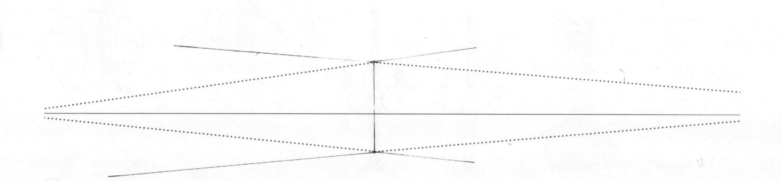

图2-19

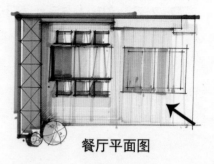

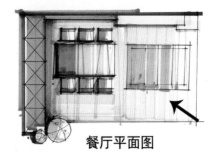

餐厅平面图

根据成角透视原理绘制出屏风的透视位置。如图2-20所示。

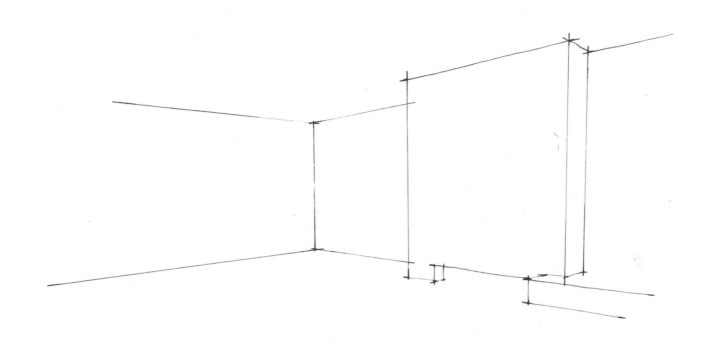

图2-20

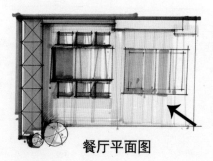

餐厅平面图

根据成角透视原理找到吧台和座椅的位置。如图2-21所示。

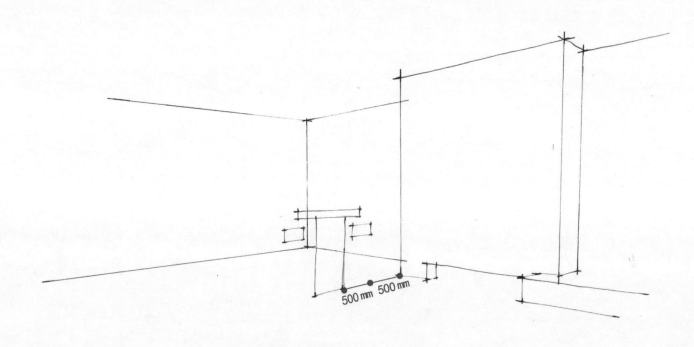

500 mm 500 mm

图2-21

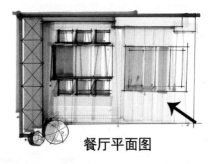

餐厅平面图

找准吧台和座椅的位置之后，分别根据成角透视原理绘制出吧台和座椅。如图2-22所示。

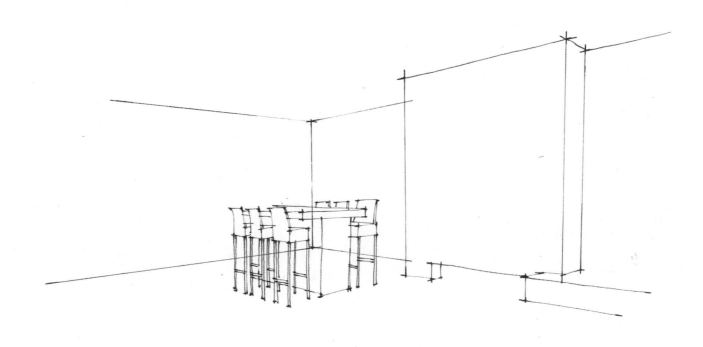

图2-22

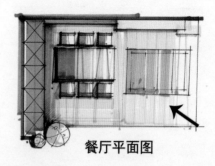

餐厅平面图

画出远处的酒柜，注意用线的虚实关系，越远的物体，线条越简洁，以便更加突出重点。如图2-23所示。

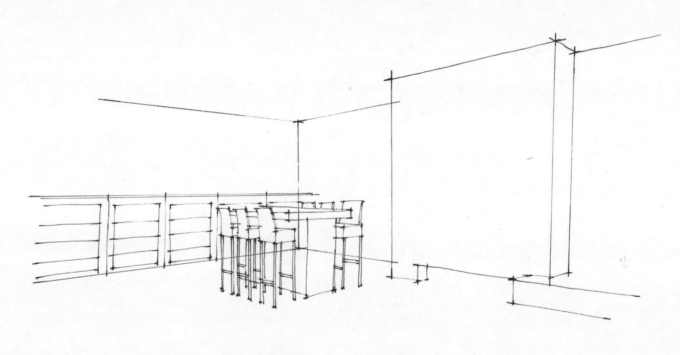

图2-23

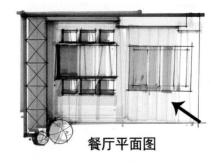

餐厅平面图

从吧台的中间点向右侧的灭点连线，交于墙上一点后作向上垂直线，然后再与右侧灭点连线找到天花板射灯的位置。如图2-24所示。

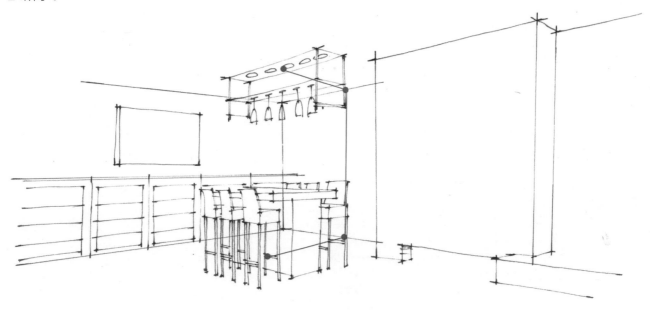

图2-24

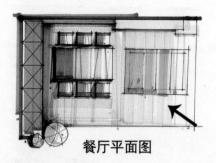

餐厅平面图

将物体的投影绘制出来，将地面的大理石反光表现出来，然后将各个物体细部深化。如图2-25所示。

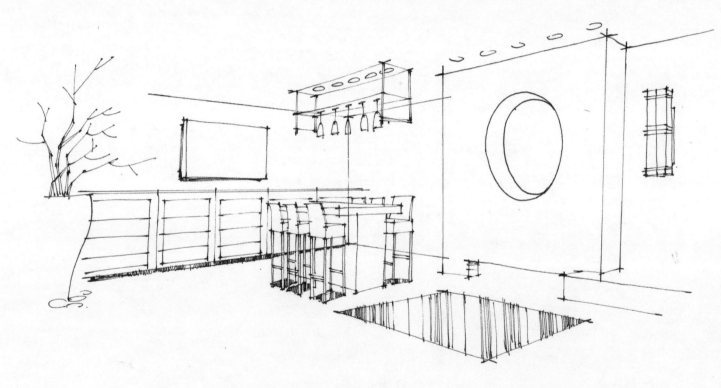

图2-25

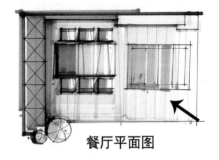

餐厅平面图

线稿成稿。如图2-26所示。

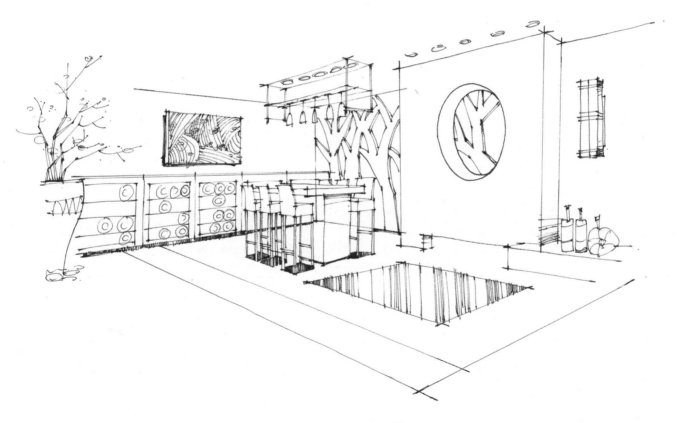

图2-26

2.3.2　餐厅上色步骤分解

先将空间中部分物体的固有色画出来，给餐厅定义一个大体的色调。如图2-27所示。

图2-27

将酒柜、吧台和屏风的色彩进行深入刻画，绘制明暗关系，画出装饰墙的固有色。如图2-28所示。

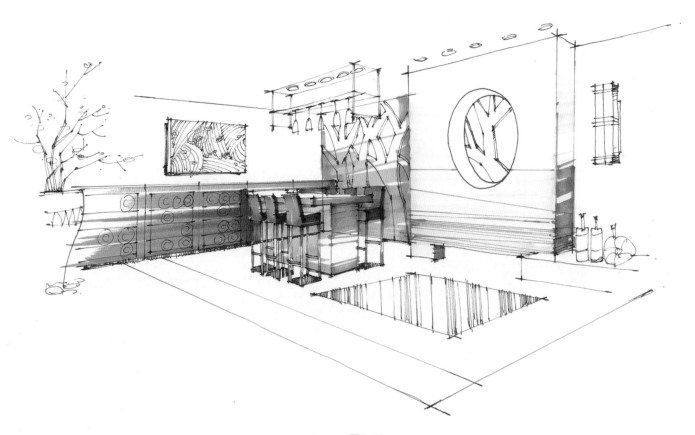

图2-28

将装饰墙的明暗关系加强，注意灯光色、互补色的变化，绘制左侧墙的固有色。如图2-29所示。

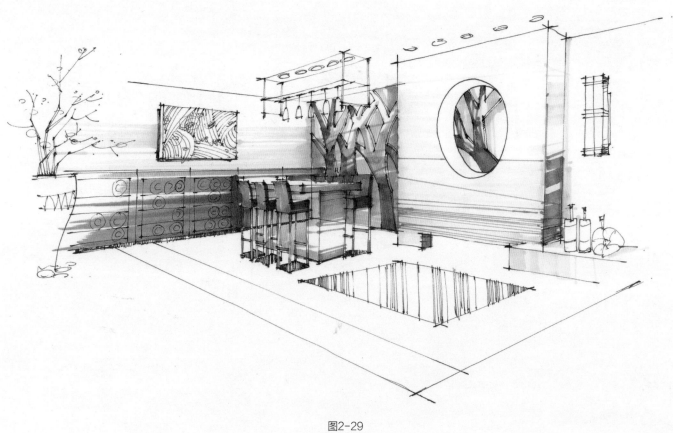

图2-29

将地面大理石的受光和倒影表现出来，加强其他物体的暗部绘制。如图2-30所示。

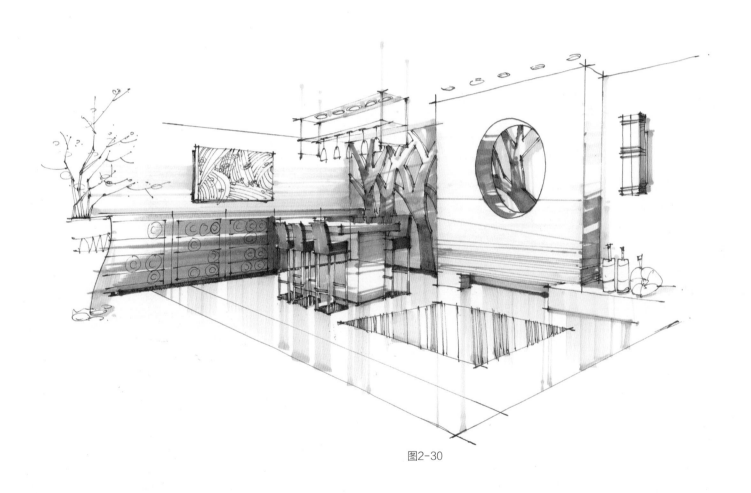

图2-30

利用彩色铅笔将画面中的物体进一步深入刻画，加强明暗关系、前后关系，注意灯光色、环境色对物体的固有色的影响，利用彩色铅笔过渡自然的优势加强物体色彩的冷暖变化。如图2-31所示。

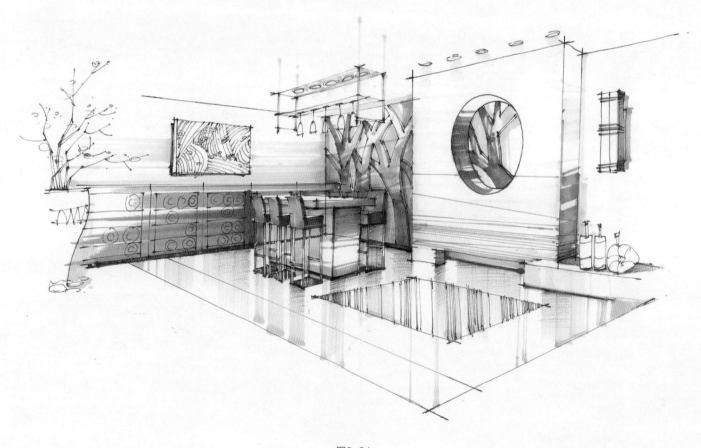

图2-31

绘制完成稿如图2-32所示。

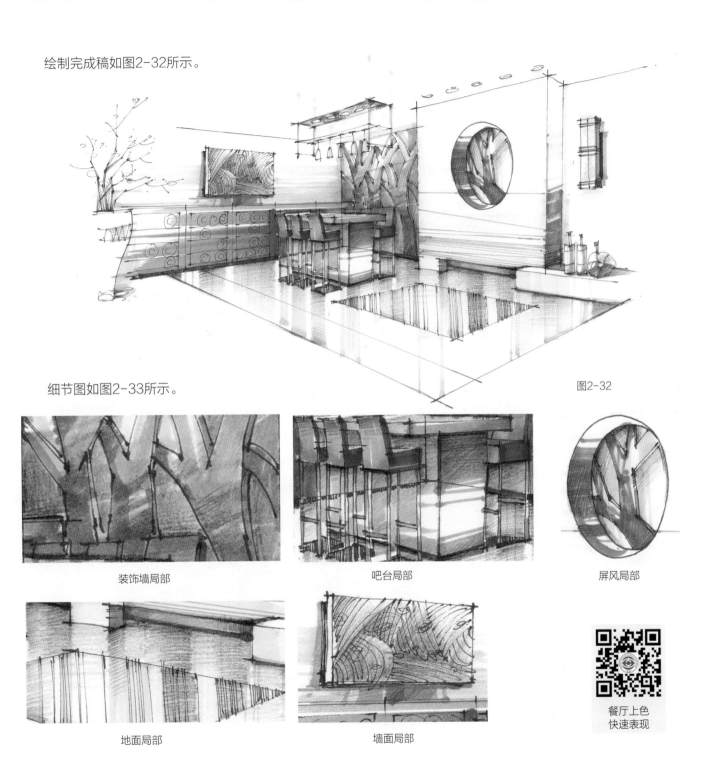

细节图如图2-33所示。

图2-32

装饰墙局部

吧台局部

屏风局部

地面局部

墙面局部

餐厅上色
快速表现

图2-33

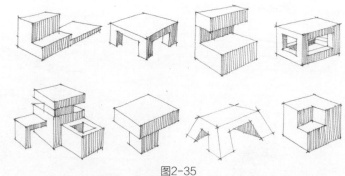

图2-35

2.4 技术拓展——线条发散训练

2.4.1 线、面、体、空间

任何造型都是由点、线、面构成的，单线给人方向感，多条单线排列则会产生面的感觉，面与面的组合会产生体的效果，最后由多种体组合则产生空间的概念。由上述的原理可以得出任何室内外造型都可以归结在线、面、体和空间的概念之中。在徒手绘制任何造型时都以这个原则为风向标，手绘效果图马上就会变得容易很多。如图2-34所示。

再复杂的形体，如果用多个长方体的组合来观察，都不难发现室内外设计中所包含的所有造型都是由长方体演变而来的，比较复杂的造型也不过是由圆、圆柱体、圆锥体、三角形等一些基本的图形组合变化而来的。

2.4.3 思维发散训练

在进行线条的体、面、空间组合训练之后，应该让线型的训练进一步加强，从构图的角度来充分地锻炼对空间的控制能力，把握画面的对称、均衡等构成组织能力，为今后培养手绘快速表现空间创作能力打下坚实基础。如图2-36所示。

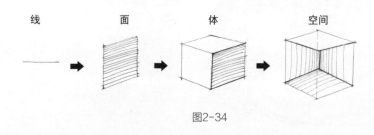

图2-34

2.4.2 多种几何体练习

初学者对空间的感觉还不是很熟练，所以要加强多种几何体的组合练习，这样会增加空间感受力及体量感，为下一步的实体物体的组合打好基础。如图2-35所示。

长方体以不同的角度进行组合训练，长方体的造型类似于家具中的沙发、椅子、茶几、床、柜子和餐桌等。

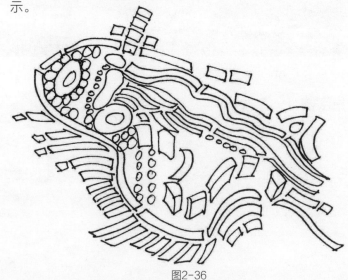

图2-36

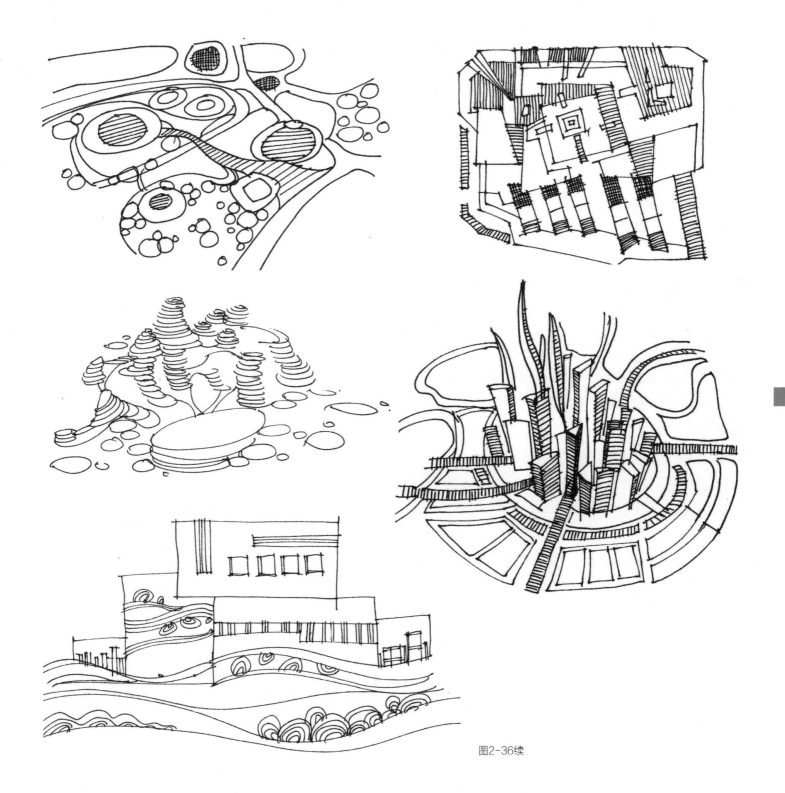

图2-36续

2.5 项目小结

　　餐厅的设计风格要与整体空间的设计相协调，并且要充分考虑餐厅设计的实用性及美观性。餐厅家具应选择较常用的木色、咖啡色或黑色等稳重的色彩，不宜采用跳跃刺眼的颜色。上色时应首先考虑餐厅整体色彩的统一性，一般较常用的有棕黄色、杏色、橘红色及肉色等暖色系的色彩，配以装饰品中跳跃的颜色活跃画面。

卧室快速表现训练

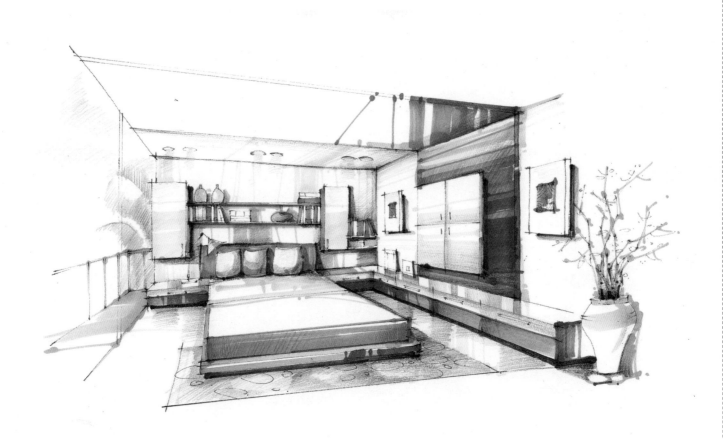

3.1 项目导引

卧室是家居设计中的重点之一，在设计中要注重功能合理。卧室的主要功能是休息与睡眠，卧室布置的效果，直接影响人的生活、工作和学习质量。

私密性是卧室的第一属性。卧室是家中温馨与浪漫的空间。卧室里一般要放置大量的衣物和被褥，因此设计时要考虑尺寸大而且使用方便的储物柜。床头两侧的床头柜用来放置台灯、闹钟等随手物品。

卧室的色调由墙面和地面的背景色彩和配饰色彩两方面构成，装修时墙面、地面、顶面本身都有各自的颜色，面积很大，后期配饰中窗帘、床罩等也有各自的色彩，并且面积也很大。这两者的色调搭配要和谐，要确定出主要色调。卧室灯光照明也是以功能性为主，最好不设置顶灯，尽量不要使用装饰吊灯，应以局部的指向性光源为主。

本项目（卧室快速表现训练）将在教学中要求学生掌握平角透视空间的透视原理之后，从大量的卧室单体练习开始，让学生对床、衣柜等一些单体小品的透视原理、线条、上色熟练掌握之后，再进行多个单体空间组合项目训练，最终完成一个完整的平角透视卧室快速表现项目。

3.2 技术准备

3.2.1 知识点1：平角透视原理

平角透视是介于一点透视与两点透视之间的一种透视方法，它是一种在一点透视的基础上表现两点透视效果的作图方法。其特点是在主视面与画面形成一定的角度，并平缓地消失于画面很远的一个灭点，类似两点透视的特征；而两侧墙面的延长线则消失于画面的视中心点，类似一点透视的特征；因

此，这种既是成角又近似平行的透视被称为平角透视。

步骤1：根据平行透视方法绘制出房间，如图3-1所示。

步骤2：由D点引出任意角度的直线至A点，作A点垂直线交B点，连接B、C点，产生一个梯形，这就是新的"基准面"。但这其中三个边已经变形，只有CD边没有变形，所以形成一个"真高线"，这样平行透视就开始向成角透视进化了。如图3-2所示。同样，以1 m为单位等分真高线，向右、向左作4 m，并以1 m的距离等分。此时房间尺寸已经确定3 m（高）×4 m（宽）×4 m（长）。在右侧4 m外任意位置确定M点。作M点与4 m位置点连线并延长至墙线，得到a点，由a作垂直线得到b点，为房间4 m位置的垂直墙面。

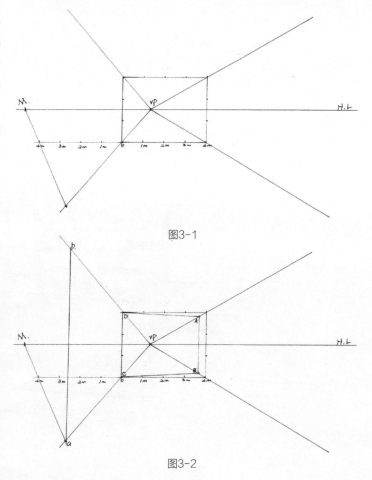

图3-1

图3-2

步骤3：在各个面画出对角线，通过交点画出垂直线与"水平线"。依此类推可完成进深的绘制。如图3-3、图3-4所示。在实际的设计活动中，一点透视相对稳重，构图看上去比较呆板；两点透视难度较大，容易变形。而平角透视在构图上比一点透视更为生动，画面结构上更显丰富，比两点透视更容易把握，因此在作图中应用更为广泛。

与原基准面倾斜度最好不要超过30°，这是为了接近人体正确的视觉效果。如图3-5所示。

2.根据人体正常视高的观察效果，顶线的倾斜度一般情况下要大于底线的倾斜度。如图3-6所示。

3.VP点要靠近真高线的一侧，否则将是原则性的错误。如图3-7所示。

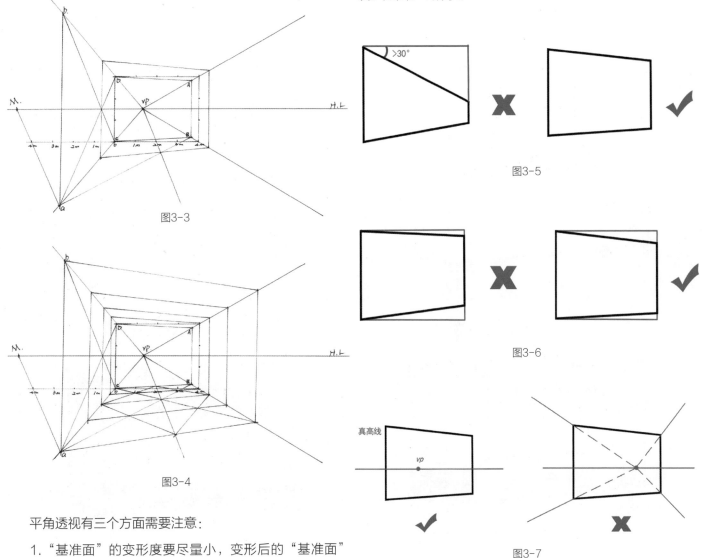

图3-3

图3-4

图3-5

图3-6

图3-7

平角透视有三个方面需要注意：

1."基准面"的变形度要尽量小，变形后的"基准面"

3.2.2　知识点2：卧室单体绘制方法及快速表现步骤

与前文所述单体绘制方法相同，首先，我们绘制物体的基本色，一般情况下从较浅的色彩入手；其次，根据素描关系局部加深物体的暗部；最后，根据环境对物体的冷暖关系、素描关系进行细节的刻画。如图3-8所示。

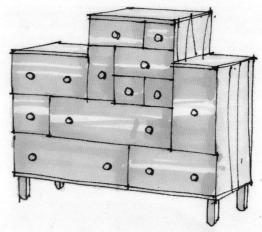

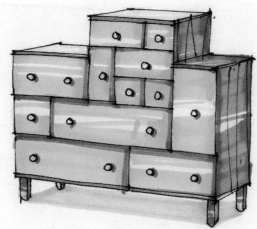

图3-8

如图3-9所示为双人床组合空间的绘制，在表现时要注意物体与物体关系的处理，色彩搭配的处理，及物体与环境的处理。

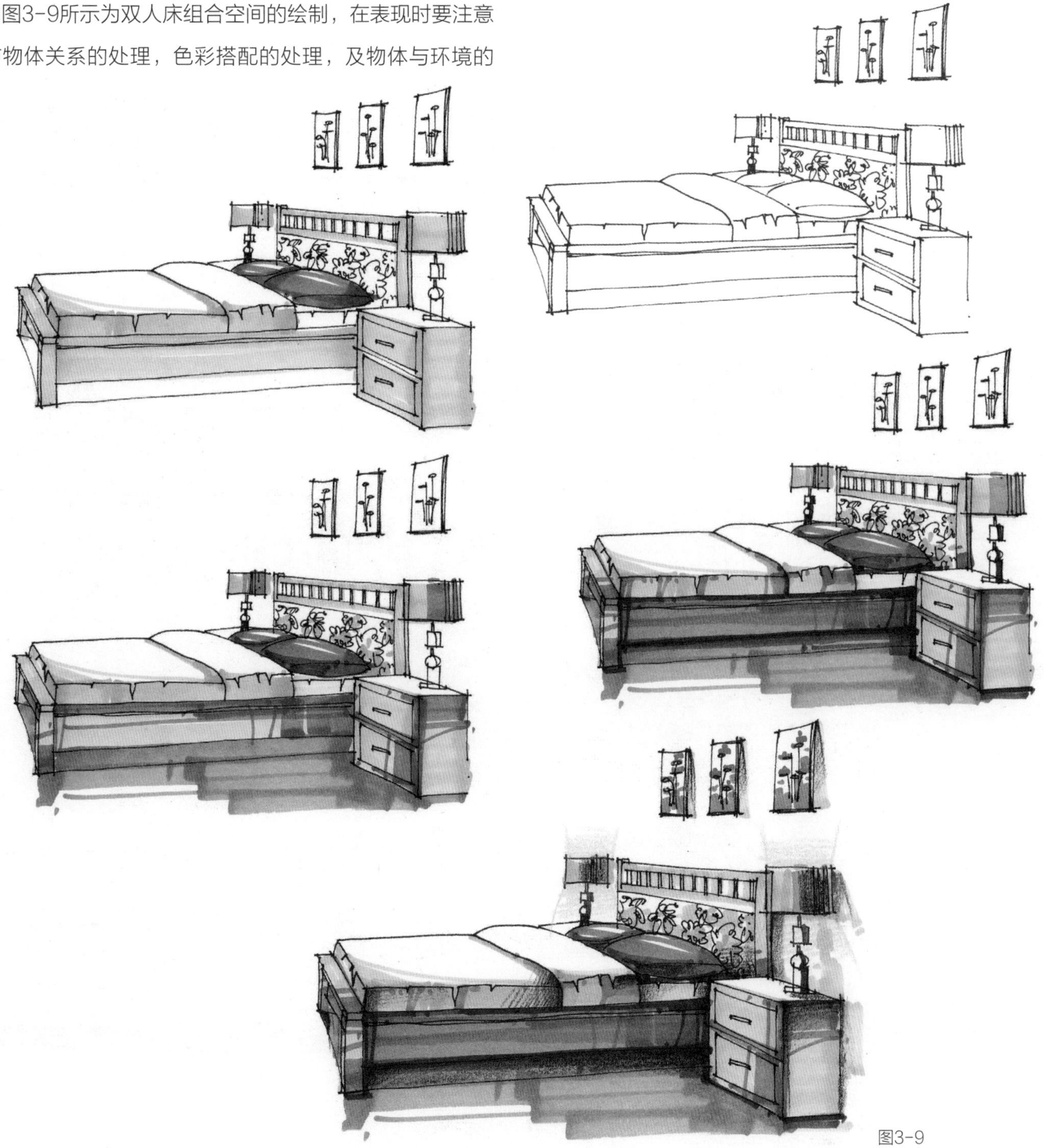

图3-9

3.2.3　知识点3：床的表现

　　卧室中床的快速表现十分重要，卧室一般以床上用品为中心色，如床罩为粉红色，那么，卧室中其他织物应尽可能用粉色调的同种色，如橘黄、粉紫等，最好是全部织物采用同一种图案。床头背景墙是卧室设计中需要着重表达的部分。床的造型设计上更多运用了点、线、面等要素形式美的基本原则，使造型和谐统一且富有变化。如图3-10所示。

床的表现

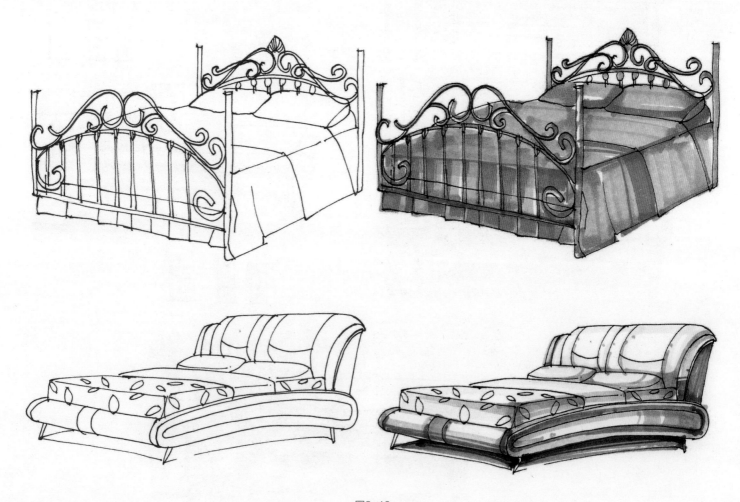

图3-10

图3-10续1

图3-10续2

3.2.4　知识点4：衣柜的表现

　　卧室衣柜颜色的选择一般以纯色或原木色居多，因为卧室是人休息和睡眠的自由生活空间，对私密性和宁静的要求都极为强烈。纯色或原木色的衣柜会给人身心带来.轻盈、活泼、健康的感受。如图3-11所示。

图3-11

图3-11续

3.2.5　知识点5：化妆椅的表现

　　梳妆台也是卧室中的可选部分，主要包括化妆台、化妆镜、化妆椅等。空间布置可依空间大小及个人爱好分别采用移动式、组配式或嵌入式的梳妆家具形式，搭配得当可以增强卧室的整体美感。如图3-12所示。

图3-12

3.2.6 知识点6：卧室灯具的表现

　　卧室中灯光更是点睛之笔，筒灯斑斑宛若星光点点，多角度的设计使灯光的立体造型更加丰富多彩。为了营造更加私密的空间效果，台灯的添加设计便显得十分重要。如图3-13所示。

图3-13

3.3 项目实施——卧室快速表现

3.3.1 卧室线稿

线稿如图3-14所示。

图3-14

3.3.2 卧室上色步骤分解

将物体的固有色表现出来，定义空间的大体色调。如图3-15所示。

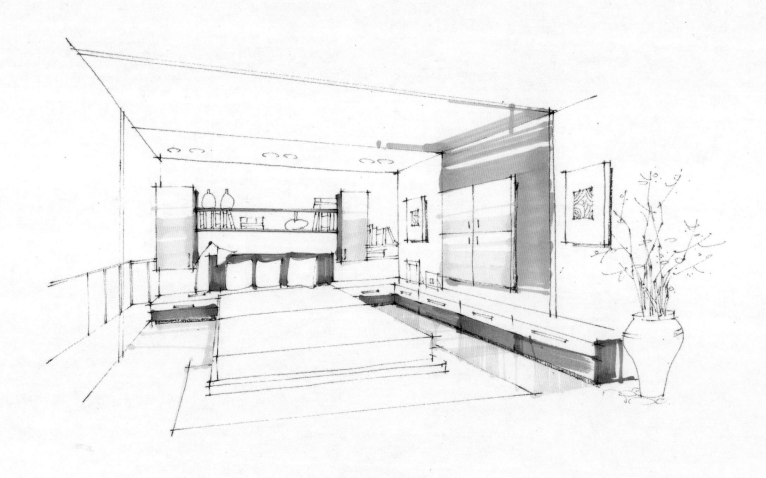

图3-15

将房间中大部分物体的固有色表现出来，注意明暗关系。如图3-16所示。

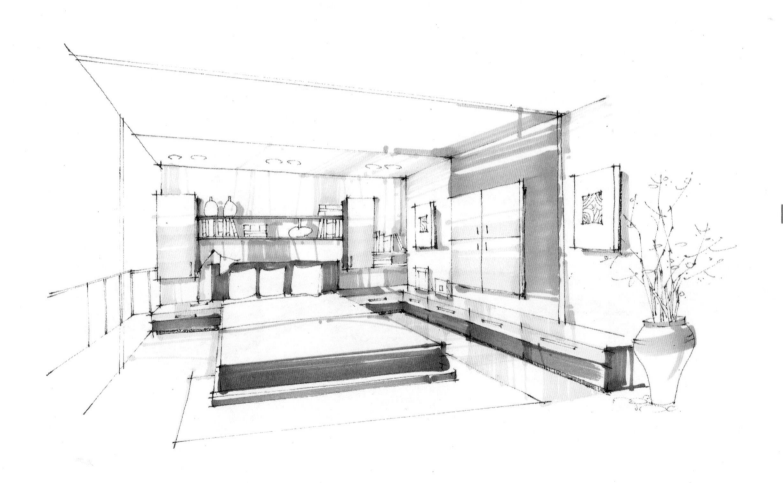

图3-16

进一步加深物体的明暗关系，空间的远近关系，灯光色与环境色的关系。如图3-17所示。

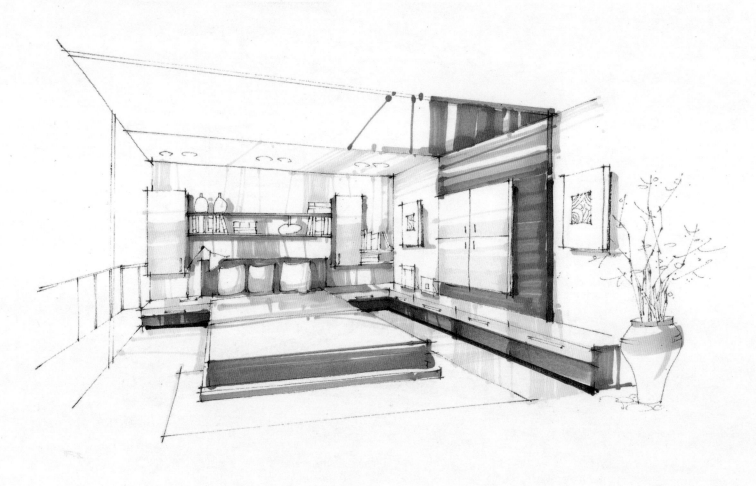

图3-17

将色彩层次进一步丰富，注意远处的墙面可以采用冷色调使其在视觉上加深空间感。如图3-18所示。

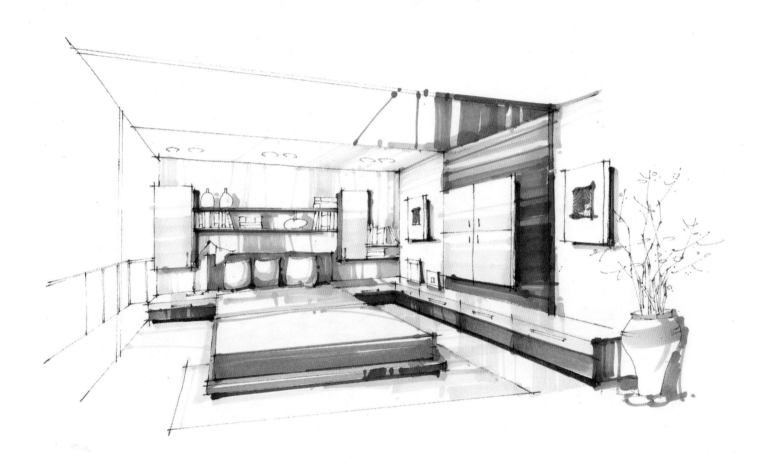

图3-18

在地板上加入彩色铅笔表现，利用彩色铅笔加深画面的空间感及处理画面物体的冷暖关系，使空间色彩更加丰富。如图3-19所示。

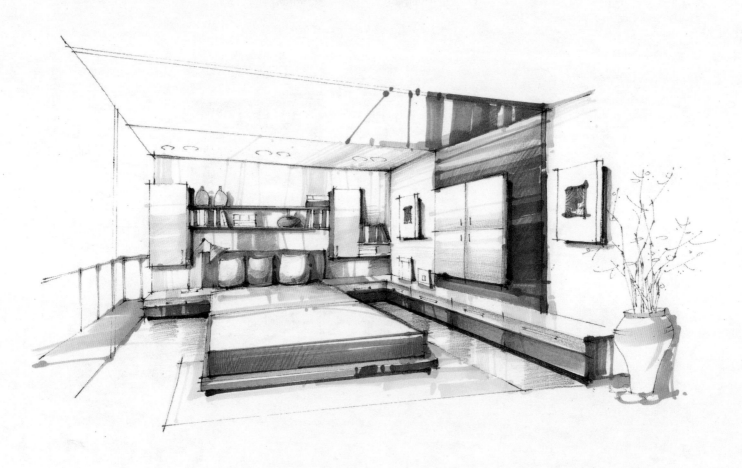

图3-19

完成稿如图3-20所示。

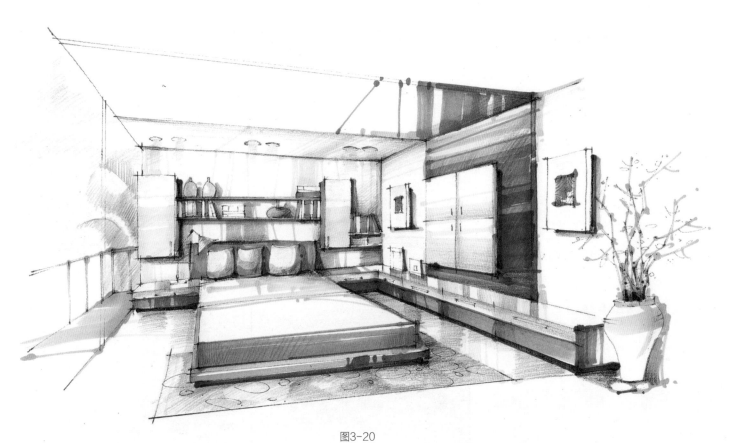

图3-20

细节图表现如图3-21所示。

卧室上色
快速表现

地面局部   书架局部   装饰墙局部

图3-21

3.4
技术拓展——单体与几何体解析

通过几何体组合的训练，我们已经了解到很多空间物体的构成都是由多种几何体演变而来的，下面单体家具与几何体解析的例子将几何体组合的训练与现实中的物体相结合，进一步加深我们对物体空间概念的认识。

如图3-22～图3-24所示，红色的虚线代表物体的透视关系，其他各色的实线代表物体的结构线。

图3-22

图3-23

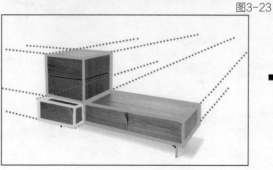

图3-24

3.5 项目小结

　　在卧室的设计上，应追求功能与形式的完美统一、格调典雅、简洁明快的设计风格。在快速表现效果上，追求时尚而不浮躁，庄重典雅而不乏轻松浪漫的感觉。卧室的色调以暖色调为宜，它可使室内充满温情色彩。在选择色彩时，要根据主人的性格特点、偏好等多种因素进行搭配，使卧室内真正充满温馨的气氛。在卧室的设计表现上，可以采用多种表现手法，使卧室看似简单，实则韵味无穷。

公园景观快速表现训练

4.1 项目导引

城市公园随着我国的城市化进程发展而逐渐繁荣起来，城市公园的景观设计也显得日益重要。公园景观大致由五个要素组成，分别为植物、建筑、石头山体、水景及道路。这些主要元素之间相辅相成，互相助景，除此之外还有人物、凉亭等辅助元素相搭配，共同构成了动静相宜的公园景观。

本项目公园景观快速表现训练将在教学中要求学生掌握公园景观中主要单体的绘制方法，从大量的单体练习开始，让学生对室外空间一些单体小品的透视原理、线条、上色熟练掌握之后，最终完成一个完整的公园景观快速表现项目。

4.2 技术准备

4.2.1 知识点1：公园景观单体绘制方法及快速表现步骤

公园景观单体的绘制过程与室内单体的绘制过程大致相同，首先进行色调的指定，然后在素描关系、前后关系、冷暖关系等指导原则的基础上进行细节的刻画。如图4-1所示。

公园景观单体
表现

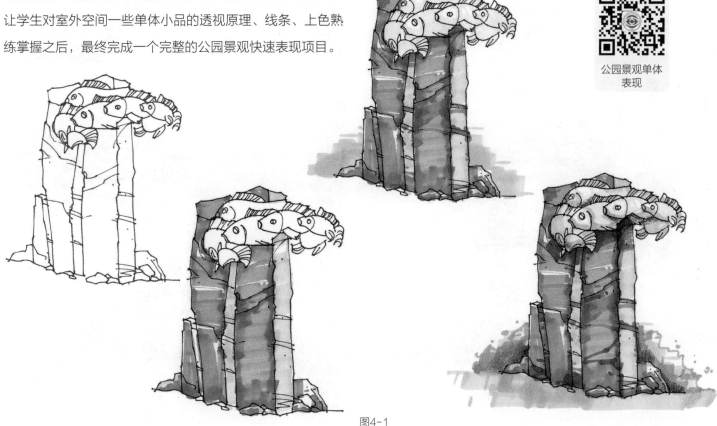

图4-1

4.2.2　知识点2：石头的表现

　　绘制石头时，根据石头坚硬、挺拔的特性，线条表现应下笔有力、粗细分明。上色的过程中，注意色调与周围环境的搭配及表面纹理的精细刻画。如图4-2所示。

石头的表现

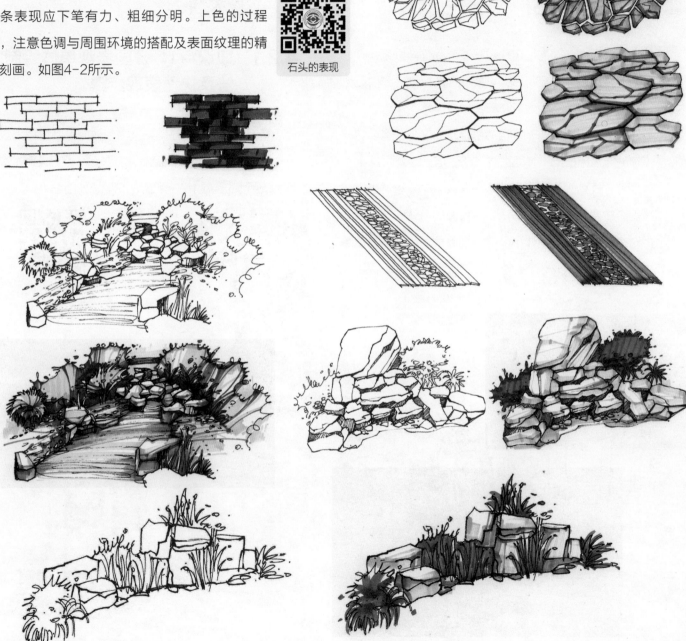

图4-2

4.2.3 知识点3：室外植物的表现

　　室外植物的表现可以很好地表达景观的整体效果。合理地搭配植物的不同色彩及形态，配合室外空间各个功能区之间的变化需求，布置群落植物，可以采用借景、障景等手法来实现开放空间、半开放空间、封闭空间、半封闭空间的视觉感受，达到步移景异的艺术效果。如图4-3所示。

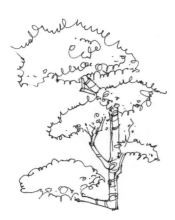

图4-3

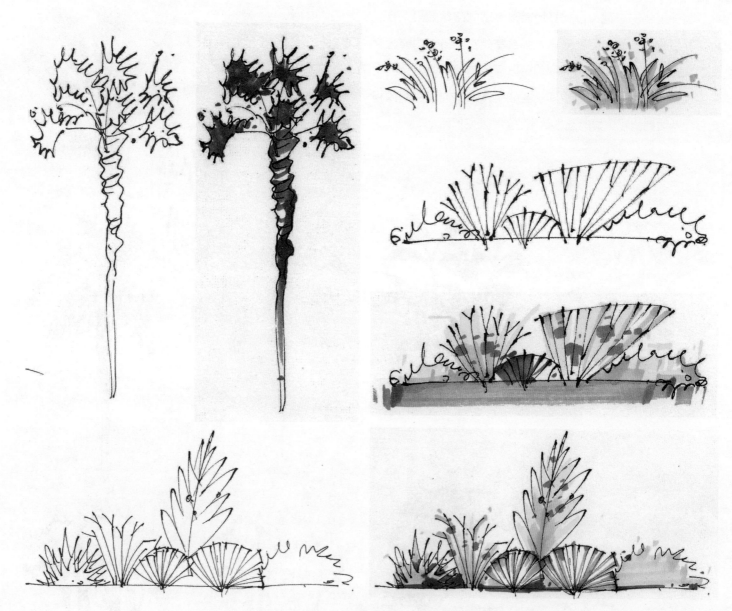

图4-3续

4.2.4　知识点4：人物的表现

人物在室外景观中出现较多，不但起到衬托、点缀景观的视觉作用，更起到标示空间比例尺寸的作用。人物服饰一般较常用艳丽的色彩搭配，人物体态一般采用较具概括性的形态即可。如图4-4所示。

人物的表现

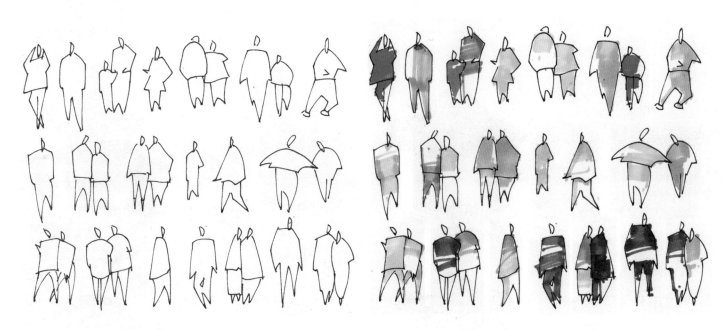

图4-4

4.2.5　知识点5：凉亭的表现

凉亭在公园景观中较常见，它除了供游人休憩之外，还能增加风景的美观程度，兼具了造型和功用。从形状上来说，有四角凉亭、六角凉亭、八角凉亭、扇形凉亭、古都凉亭。其中古都凉亭有单层凉亭，双层凉亭，三层凉亭。如图4-5所示。

图4-5

4.3 项目实施——公园景观快速表现

4.3.1 公园景观线稿

线稿如图4-6所示。

图4-6

4.3.2　公园景观上色步骤分解

将空间中植物的固有色表现出来，给空间定义一个大体的色调。如图4-7所示。

图4-7

将空间中大部分物体的固有色表现出来，注意明暗关系。如图4-8所示。

图4-8

进一步加深物体的明暗关系和空间的远近关系，远处的植物色调应偏向冷灰，这样可以使得空间距离感更强。如图4-9所示。

图4-9

在暗部加入彩色铅笔表现使其更加丰富，利用彩色铅笔加深画面的空间感及处理画面物体的冷暖关系，使空间色彩更加丰富。人物的颜色要比较鲜明，经常采用亮色，这样对画面起到点缀的作用，活跃了空间气氛。如图4-10所示。

公园景观上色
快速表现

图4-10

4.4
技术拓展——组合与几何体解析

    在了解了透视原理之后，课后应加强单体的训练，刚开始训练时可以参考一些图片中单体的造型，对其进行几何体解析工作之后，开始绘制。下面先来分析组合建筑空间与几何体的关系。如图4-11 ~ 图4-14所示，红色的虚线代表物体的透视关系，其他各色的实线代表物体的结构线。

图4-11

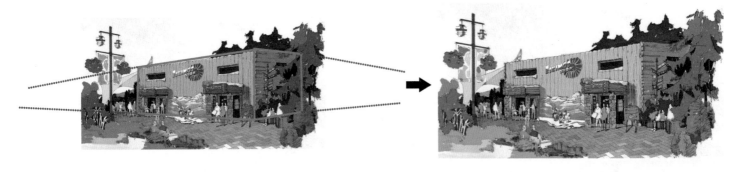

图4-12

图4-13

图4-14

4.5 项目小结

　　公园景观设计涉及了很多基础学科，在设计过程中不仅要考虑景观各要素之间、景观与人之间的关系，还要考虑景观的设计主题、空间的功能划分、步行路线流程的合理性方面等多种因素。在快速表现过程中，下笔前一定要做到心中有数，对景观之间构成的把握尤为重要，可先不必追究细节的刻画，上色时注意整体空间的合理搭配，使人能够得到视觉多方位的享受。

小区景观快速表现训练

5.1 项目导引

居住环境是人类最为重要的生存空间。小区景观的设计注意与周边环境的协调，强调生活、文化、景观间的连接，以达到美化环境、方便生活的目的。因此，处理好"自然—建筑—人"的关系，是小区景观设计者着重需要解决的问题。

本项目小区景观快速表现训练将在教学中要求学生掌握居住景观中主要单体的绘制方法，从大量的单体练习开始，让学生对室外景观空间一些单体小品的透视原理、线条、上色熟练掌握之后，最终完成一个小区景观快速表现项目。

5.2 技术准备

5.2.1 知识点1：小区景观单体绘制方法及快速表现步骤

小区景观单体的绘制首先进行基础色调的指定，然后在接下来的绘制过程中反复围绕素描关系、前后关系、冷暖关系等进行刻画即可。如图5-1所示。

图5-1

5.2.2　知识点2：室外木材的表现

　　木材是室外景观中较为常用的一种材料，其特性是自然、温和、亲近，且容易加工，使用历史悠久。室外木材由于要面对雨雪风霜等恶劣外部环境，需要进行涂漆处理，且需要常年维护保养，所以木材的外观纹理和色彩会因为漆面而改变。现代工艺常采用经高温防腐处理的防腐木材，俗称防腐木，多用于户外及庭院中地面平台、护栏、亭子、藤架、桌椅、小品等。如图5-2所示。

室外木材表现

图5-2

5.2.3 知识点3：草丛的表现

　　小区景观设计中草丛的表现占据了很大的比重。在设计时可以考虑在空间上以点、线、面的构成设计手法，并与水景相结合组成区域看点。点状的草丛可以点缀空间，增加娱乐效果。线状的草丛起到串联的功效，具有划分空间的作用。面状的草丛可以形成片状绿化，配以点状及线状绿化可以达到多样化的绿化效果。如图5-3所示。

草丛的表现

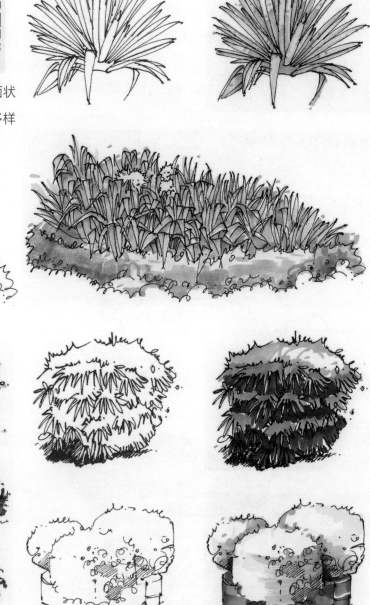

图5-3

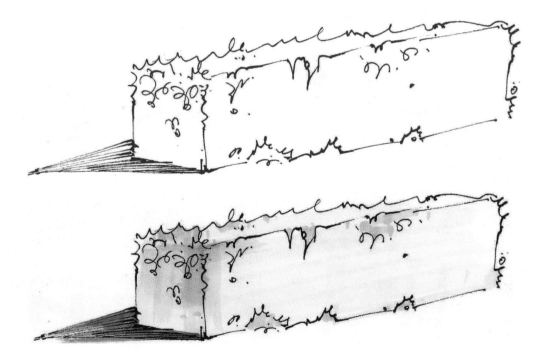

图5-3续

5.2.4 知识点4：室外休息椅的表现

室外休息椅是重要的园林设施之一，它的主要材料为实木或铁，常选用色泽清雅的天然材质。色泽明朗、天然材质的休息椅，使人有亲切感。如图5-4所示。

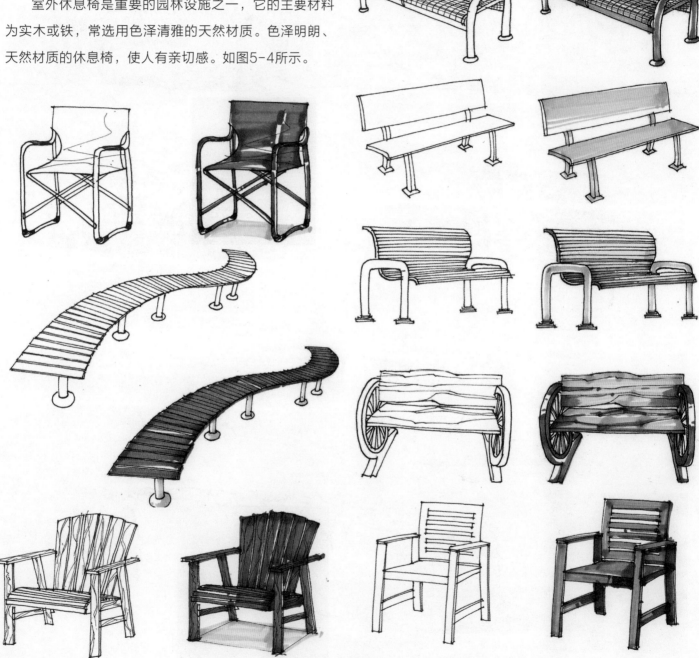

图5-4

5.3 项目实施——小区景观快速表现

5.3.1 小区景观线稿

小区景观线稿如图5-5所示。

图5-5

5.3.2小区景观上色步骤分解

将空间中植物的固有色画出来，给空间定义一个大体的色调。如图5-6所示。

图5-6

将空间中大部分物体的固有色表现出来，加强植物的层次变化。如图5-7所示。

图5-7

进一步加深物体的明暗关系、空间的远近关系，注意天光的变化。如图5-8所示。

图5-8

将色彩层次进一步丰富，注意远处的墙面可以采用冷色调使其在视觉上加深空间感。采用冷暖色彩搭配空间，画面真实感更强烈。如图5-9所示。

图5-9

利用冷暖对比进一步加强画面空间的远近关系，近处的植物应细致刻画，远处的景观则大概表现清楚即可。通过近处与远处刻画精细程度的区分可使画面层次感更突出，效果更好。如图5-10所示。

图5-10

5.4
技术拓展——马克笔与彩色铅笔综合训练

5.4.1 彩色铅笔表现技法

1.工具的认识

彩色铅笔：分为水溶性和非水溶性两种，最好选择水溶性且粉质较多的，而蜡质较多的就不是很好了。彩色铅笔可以在后期处理画面统一关系时起到过渡衔接的作用。

彩色铅笔具有色彩稳定、容易掌控的优点，是初学者比较好掌握的一种工具。在设计中要尽量选择水溶性的彩色铅笔，水溶性的彩色铅笔层次细腻，容易表现。使用彩色铅笔绘画的方法与素描的绘画方法相同，在使用彩色铅笔绘制线条排出面的效果时，要注意轻重的变化，一般都是渐变的效果。

注意：在使用彩色铅笔绘制时，要以块面的形式绘制线条，避免线条的杂乱无章。如图5-11、图5-12所示。

图5-12

2.彩色铅笔技法训练

实例如图5-13所示。

彩色铅笔技法

图5-11

图5-13

图5-13续

5.4.2 马克笔与彩色铅笔综合技法

1.两者混合认识

马克笔与彩色铅笔混合使用是很多手绘设计师常用的方式，一般以马克笔为主，彩色铅笔为辅。这种表现手法不仅具备了马克笔透明、色彩艳丽、大方干脆的特点，还具有彩色铅笔细腻、空间层次突出的特点，是初学者比较好掌握的方法之一。

2.马克笔与彩色铅笔混合训练实例

实例如图5-14所示。

马克笔与彩铅
混合技法

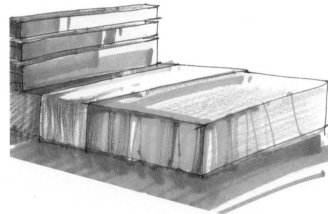

图5-14

5.5 项目小结

　　居住小区的设计要与周围的自然环境相互协调，将建筑、道路、绿化、配套设施等组成元素进行精心合理的布置和组合，创造有序流动的小区空间。设计中以生态环境优先为原则，充分体现对人的关怀，坚持以人为本，大处着眼，整体设计。表现小区景观时应注意整体色调的统一，前后空间的主次以及空间层次的细节塑造。

项目6

主题公园建筑快速表现训练

6.1 项目导引

主题公园越来越多地出现在我们的身边,它是多样化休闲娱乐及具有创意性活动方式的现代化旅游场所。设计时需要根据特定的主题创意,配以高科技的技术手段和文化产品的移植复制,以虚拟环境造景及园林环境的模拟为载体,以迎合设计主题及消费者的心理需求为中心贯彻整个公园项目的设计活动。

本项目主题公园建筑快速表现训练将在教学中要求学生掌握公园景观中主要单体的绘制方法,从大量的单体练习开始,让学生对室外空间一些单体小品的透视原理、线条、上色熟练掌握之后,最终完成一个完整的主题公园建筑环境的快速表现项目。

6.2 技术准备

6.2.1 知识点1:公园路牌单体绘制方法及快速表现步骤

公园路牌快速表现步骤。如图6-1所示。

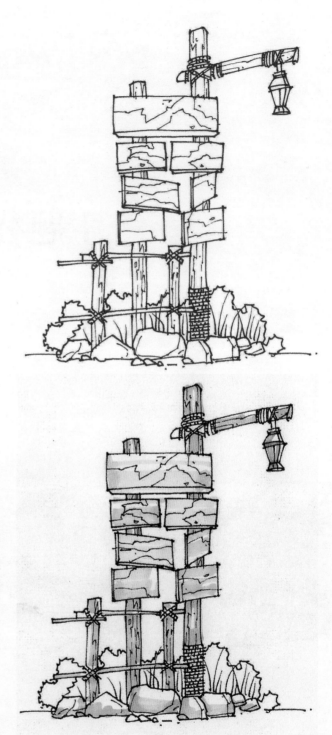

图6-1

6.2.2　知识点2：水的表现

　　在景观设计中，水的表现占据了十分重要的地位，它本身的特性很固定，表现形式多样，在表现过程中很容易与周边的物体形成各种关系。水景的特性灵活、可直可曲，能起到统筹空间、协调各个物体之间关系的重要作用。如图6-2所示。

图6-1续

图6-2

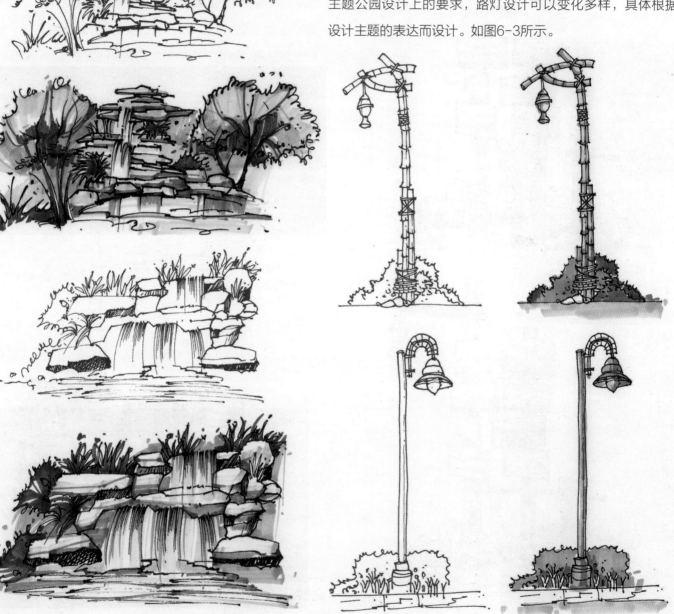

6.2.3　知识点3：路灯的表现

　　路灯是主题公园设计表现中很容易被忽略的元素，根据主题公园设计上的要求，路灯设计可以变化多样，具体根据设计主题的表达而设计。如图6-3所示。

图6-2续　　　　　　　　　　　　　　图6-3

图6-3续

6.2.4　知识点4：公园休息椅的表现

　　主题公园中休息椅与小区景观中休息椅的设计思路略有不同，主题公园休息椅由于受到设计主题的要求，设计形式多样，表现起来可以结合石头、木头等单体绘制方法而展开。如图6-4所示。

图6-4

6.3
项目实施——主题公园建筑快速表现

6.3.1 主题公园建筑线稿

线稿如图6-5所示。

图6-5

6.3.2主题公园建筑上色步骤分解

将空间中建筑的固有色画出来，给空间定义一个大体的色调。如图6-6所示。

图6-6

进一步绘制其他景观的固有色，加强建筑空间的明暗关系。石块的层次再次叠加，进深感增强，前景边缘清晰。如图6-7所示。

图6-7

绘制出建筑场景中所有物体的固有色，定义画面整体色调，加强远近空间色调关系。水面色彩鲜明，纹理清晰。如图6-8所示。

图6-8

加强空间冷暖对比关系，远处采用较灰的颜色进行大面积的塑造，近处的建筑及植物、水面采用明度较高的颜色，起到突出重点、提亮画面的作用。如图6-9所示。

图6-9

再次加强画面的前后关系、冷暖关系、明暗对比关系。丰富画面局部细节的刻画，突出建筑主体。如图6-10所示。

图6-10

6.4 技术拓展——水粉、水彩、透明水色等技法知识

●**水粉：**又称广告色，是不透明水彩颜料，可用于较厚的着色，大面积上色时也不会出现不均匀的现象。水粉颜料在湿的时候，它颜色的饱和度和油画颜料一样很高，而干后，由于粉的作用及颜色失去光泽，饱和度大幅度降低，这就是它颜色纯度的局限性。由于水粉颜料不便于携带，所以设计师较少使用。

●**水彩：**色彩艳丽，透明度好，色彩透明度与马克笔的特点相似，但初学者不易控制。

●**透明水色：**快捷、细腻、色泽很艳丽，在绘制之前需要试用其颜色在纸上的效果，干湿效果不同，也是初学者不易掌握的工具之一。

●**电脑辅助表现：**在设计构思成熟后，先完成设计线描稿，然后将完成的设计稿扫描输入电脑，利用电脑绘图软件完成最终的表现图绘制。一般来讲，用到的主要有Photoshop、Painter等平面绘图软件。Photoshop功能强大，能够轻松地处理各种图像效果，由于Photoshop具有良好的绘画与调色功能，可利用它进行色彩及材料的填充，绘制模仿光照效果及物体材质效果，其调色功能可以在同一张设计线描稿上进行不同的色调效果试验。

6.5 项目小结

主题公园建筑的设计表达对设计师的要求较高，它融合了室外建筑、景观、雕塑小品等多种艺术形式的表达方式。在主题公园的绘制过程中一般建筑是绘制的主体，水景与植物也起到重要的协调搭配作用。了解建筑与水景的设计形式，利用水景和各种景观元素的关系，以表达设计的意图，是值得我们耗费精力、气力去追求、探讨的课题。

第二部分
项目案例快速表现
及设计解析

项目案例——室内家居快速设计与表现

7.1 家居室内设计案例示范与解析

7.1.1 家居设计绘图特点

1.准确表达设计

家居室内设计是我们最为熟悉的空间设计类别，也是学习室内设计的入门课程。家居设计效果图作为设计方案的主要图纸，能够全面地体现设计方案在功能上是否合理。需要提醒的是：评判一个方案是否合理，不能仅看效果图是否华丽、漂亮，还要从业主的实际需要出发，从设计的整体布局到细节设计进行综合评价。效果图作为直观的三维图，一定要如实完整地表达设计内容，才能达到和业主良好沟通的目的。

2.配色和比例

绘制的效果图画面配色是否是和谐的、美的，决定了方案合适与否。因为配色中的色彩并不单纯地代表颜色，它与使用部位的具体材料、纹理、质感和整体色彩有关，考验着设计师对色彩的灵敏度和对材料应用的深度。比例是指效果图内部各个细节之间的尺度关系。首先是房间的开间、进深和高度要准确无误，不能一味追求画面感和空间感，擅自更改房间的尺寸比例，否则会严重影响设计准确度，这也是对设计的一种曲解。其次是房间的尺度与家具、配饰、材料纹理与分割的比例。比如，沙发的高度、地面镶嵌地砖的分格尺寸与房间高度之间的比例一定是真实的，不能为了追求房间的空间感而随意缩小家具尺度等。

3.创意和改进

一个家居设计方案最终的效果好不好，很大程度由设计师和业主共同决定。做设计方案前，业主通常需要和设计师进行大量的沟通，把自己在功能、审美等方面的需求全部表述出来，设计师根据这些需求，将想象中的空间用效果图的形式表现出来，设计的过程会融入专业的改进建议和符合对方的创意形象。大部分的居住建筑提供的是模式单一的清水房，必然会存在一些异形的角落和不符合业主需求的原始规划，出色的家居设计师可以通过专业设计弥补或合理利用原始房屋中的缺陷甚至将其转为特色。一个好的设计师，并不是只按自己的意图天马行空地设计，而是能在明确业主的个人喜好、风格、品位的前提下，设计出具有明确趣味中心和让人眼前一亮的创意作品。

7.1.2 家居设计流程

1.确定设计意向

在家居设计项目进行之前，首先需要测量房屋数据，在现场量房中要做到认真细致，并用数码相机拍摄照片生成电子文件；然后与业主进行深入的沟通，对家庭成员组成、必需功能要求、设计风格偏好、审美倾向和审美反感等进行详尽了解，确定业主的具体要求。根据了解到的信息来确定设计方案，确定需要表现的主体内容。

2.前期构思草图

在确定家居设计主题后，在该主题的框架下进行前期构思，这个阶段须确定空间的整体风格、色调和大致材料。构思的同时进行平面功能规划的设计和立面、三维草图的设计。这个阶段应绘制大量的草图来开拓思路。

3.平面规则与平面深化设计

室内设计的平面规划占到设计比重的50%，决定了设计方案的成败，所有功能性规划和设计均在平面规划与平面深化设计阶段完成。这个阶段主要是将室内空间按照功能划分为动区与静区、干区与湿区等以及将功能和造型结合起来。深化的平面规划设计建立在完整的三维想象和构思基础上，合理的平面规划设计能够为后期三维空间图绘制打下良好的基础。

4.空间初步设计

家居空间设计的重点是三维空间效果的建立。通过对各个功能空间的比例、材质、家具、照明分析并充分理解设计意图与明确业主要求后，根据平面设计图纸来设计并绘制三维效果图。绘制过程中设计师与制图人员必须及时沟通以便调整和深化设计效果图细节。

5.方案图纸完成

一套完整的家居设计方案，图纸内容应包括平面规划图、平面家具图、地面铺装图、天花照明图、各个界面立面图、三维效果图。这其中需要配套材质、模数、颜色方案、家具配置方案、洁具配置方案、五金配置方案、灯具配置方案、软装设计方案等。在方案完成后，需要配套设计施工图。

7.1.3 家居设计效果图理念

1.图面感染力

效果图能够直观表达设计理念并体现设计水准，具有图面感染力的效果图既突显了客户的装修想法又体现了设计师的设计意图。设计出有图画感染力的效果图可使设计师在较短时间内得到客户的认可。但也要求设计师在绘制效果图之前与客户良好沟通，充分了解其真实需求，在此基础上从空间分区和空间尺度入手，归纳整理出具有唯一性和艺术特点的设计构思，然后再选择合适的艺术表现形式进行绘制。

2.选择表现形式

效果图的表现形式多种多样，即使同样是马克笔的快速表现，也会由于主题的不同而导致表现形式和手法不尽相同。比如，表现简约与现代的室内风格，适宜使用马克笔排线；表现反复的巴洛克式古典室内风格，适宜使用精细的线描与细节刻画。这些表现形式虽然在技法上略有不同，但作用是一致的，即为设计方案的完整表现和真实表达服务。

3.艺术与真实

效果图的根本属性是设计图纸，而不是我们认为的绘画作品，它是设计师表达设计和创意的工具，为设计沟通和设计施工提供依据，因此设计师在绘制效果图时不需要追求艺术形式上的创新和作品的完整，只需根据需要达到表达设计的目的即可。在效果图的表现内容上，要突出创意点和趣味中心，概括表达次要的背景或人物；在效果图的表现形式上，并不只是三维效果图，平立面图、轴测图等都是效果图的范畴；在效果图的工具使用上，并不局限在绘画工具，如数位板、制图软件、透明水色等任何可以实现效果的工具都可使用。

7.2 家居设计项目构思

7.2.1 设计背景

类　　型：三房二厅家居设计

项目位置：大连市

交通位置：马栏广场以西1000米，西山水库旁

房屋面积：147平方米

房产价格：13000元/平方米

开发商：大连某房地产开发有限公司

项目概述：该项目所在小区定位是中档层次，所在楼宇为多层建筑，此项目位于3层。三房二厅的原始格局，三个独立房间为南向，采光非常好。客厅西侧开窗，厨房与餐厅北侧开窗。套内实际使用面积为103平方米。

7.2.2　项目导入

在进行家居方案设计开始前，需要与客户进行详细的沟通，了解客户的需要和审美倾向。设计师根据客户提出的想法和要求，对方案进行整体的创作定位和设计方向的把握以及选择合适的表现手段。家庭因素是决定家居室内环境价值取向的根本条件，其中家庭形态、家庭性格、家庭活动、家庭经济状况等因素最为重要。

该项目的业主是一家三口，男主人是大连医科大学附属第一医院的职业医生，年龄43岁，工作较为稳定，因繁忙而有一定的职业压力，闲暇时间喜欢练习书法。女主人年龄42岁，就职于私营企业后勤办公部门，工作稳定，朝九晚五，性格温和，喜欢自然的景色和自然材质的家具。小女主人年龄13岁，在项目所在地附近的马栏小学六年级二班读书，活泼可爱，特别喜欢百合花。根据上述项目的业主家庭结构以及设计师和业主的沟通结果，确定业主希望的是比较简洁的中式或具自然倾向的设计风格。

7.2.3　项目定位

根据项目背景所提供的资料，可以确定这个项目的定位是自然与简洁。自然风格，是很多家庭可以接受并喜爱的风格之一。自然风格的室内设计可以弥补人们在城市中无法自由地徜徉在自然之中的遗憾，满足人们把自然融入家居环境

中的愿望。自然风格常运用天然的木、石、藤、竹等材质质朴的纹理，在室内环境中力求表现悠闲、舒畅、自然的田园生活情趣。不仅仅以植物摆放来体现自然的元素，还从空间本身、界面的设计乃至风格意境里所流淌的最原始的自然气息来阐释风格的特质。

根据项目定位，不难找到几个关键词：自然、原木、植物、绿色、质朴、简约，如图7-1所示。

图7-1

7.3 三房二厅设计方案

室内设计以满足人和人际活动的需要为核心，科学性与艺术性紧密结合的一门学科。室内设计不单纯指艺术装饰，还是满足功能性、安全性、可行性和经济性的需求于一体的学科。根据室内设计进程可以分为四个阶段：设计准备阶段、方案设计阶段、施工图设计阶段、设计施工阶段。在设计准备阶段和方案设计阶段中，效果图快速表现能力很重要。

7.3.1　平面规划设计与表现

家居平面规划设计建立在现代室内生活价值的基础之上，主要包括功能区域划分和室内交通流线设计两部分内容。区域划分和交通流线是两个密不可分的整体要素。

区域划分解决室内空间合理分配的问题，而交通流线与各个功能分区有效连结。两者相互协调作用，才能取得理想的效果。

平面规划有一定的设计规律，合理的交通流线以介于各个活动区域之间为宜，尽量使室内每一生活空间都能与户外阳台、庭院直接联系。客厅或起居室公共活动空间宜与其他生活区域保持密切联系。室内房门宜紧靠墙角开设，使家具陈设获得有利空间，各房门之间的距离不宜太长，尽量缩短交通流线，如图7-2所示。

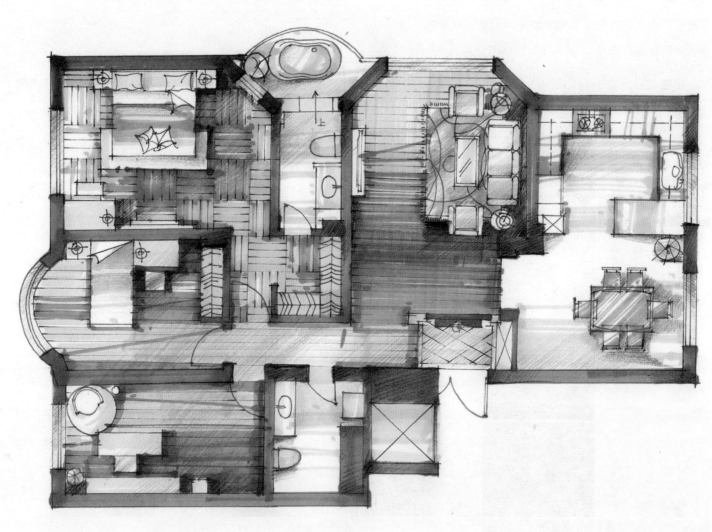

图7-2

7.3.2 玄关设计与表现

　　玄关的概念源于中式民宅推门而见的"影壁"，讲究含蓄内敛，通过玄关室内与门之间形成了一个过渡性的空间。在现代家居中，玄关是开门后的第一道风景，是体现房间主人生活品位的重要部分。此项目设计的玄关，采用的主要材料是木材，天花灯具是原木羊皮吸顶式，墙面为碎花图案壁纸并悬挂简约装饰画。如图7-3、图7-4所示。

图7-3　　　　　　　　　　　　　　　　　　　　　　图7-4

7.3.3 客厅设计与表现

　　客厅是主人与客人会面的地方，也是主人个性与品位重点展现的部分。现代室内设计中的客厅或起居室是家人视听、团聚、会客、娱乐、休闲的中心，在中国传统建筑空间中称为"堂"。客厅的摆设、颜色与材料的运用都能够反映主人的性格、特点等。所以在室内设计过程中客厅的设计是家居设计的关键。此项目以简约的红色沙发为中心，墙面为竖向简约图案壁纸。如图7-5、图7-6所示。

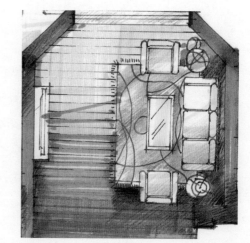

图7-5

图7-6

7.3.4　餐厅设计与表现

　　在现代家居设计中，餐厅的设计尤为重要。对于餐厅的设计，色彩的配置对就餐心理影响很大，餐厅的色彩因个人爱好和性格不同也有较大的差异。但最好还是以明朗轻快的色调为主，光线的设计也应更加柔和。如图7-7、图7-8所示。

图7-7　　　　　　　　　　　　　　图7-8

7.3.5 主卧室设计与表现

    主卧室是主人休息的主要场所，卧室设计的质量，直接影响主人的睡眠，从而影响生活、工作和学习。对卧室的设计，设计师应该更加注重实用性和功能性。在色彩运用上应以暖色调为主，力求温馨、和谐，营造有利于睡眠的空间氛围。如图7-9、图7-10所示。

图7-9

图7-10

7.3.6 书房设计与表现

　　不同的主人对书房会有不同的功能要求，不同文化层次的主人喜爱不同的书房设计风格。书房的设计可根据主人的具体要求而设计，如可兼有品茶、健身等功能。从其读书学习的角度考虑，书房的色彩不宜太繁杂，不应摆放过多的装饰品。如图7-11、图7-12所示。

图7-11

图7-12

7.3.7　卫生间设计与表现

　　卫生间是相对较小的房间，所以空间布局要注重功能合理，便于打理。通过选择色泽干净、大方的颜色，来营造整洁的空间效果。如图7-13、图7-14所示。

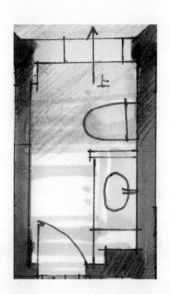

图7-13

图7-14

7.4 项目小结

　　本项目通过对一个具体项目的分析和设计，达到基本了解家居室内设计的设计及效果图绘制的方法和规律的目的。从本质上说，家居室内设计就是根据不同的客户需要和功能需求，采用有针对性的设计手法进行空间的再创造，使居室内部环境具有科学性、实用性、审美性，在视觉效果、比例尺度、层次美感、虚实关系、个性特征等方面达到完美的结合，体现出"家"的主题，使业主在生理及心理上获得团聚、舒适、温馨、和睦的感受。

项目案例——景观规划快速设计与表现

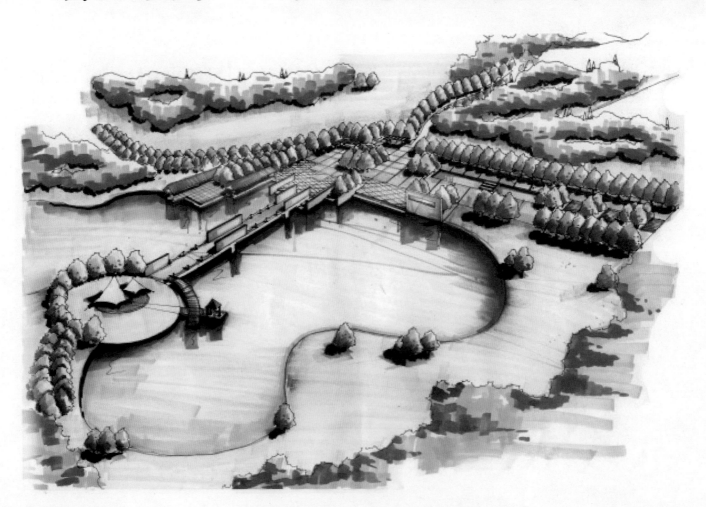

8.1 景观设计案例示范与解析

8.1.1 景观设计绘图特点

1.景观设计的内容

景观（Landscape）是指土地及土地上的空间和物体所构成的综合体。它是复杂的自然过程和人类活动在大地上的烙印。景观设计的内容包含水域河流、城镇规划、主题公园、街道景观、城市广场、小区绿地、住宅庭院等。从形态根源上分为自然景观与人工景观，自然景观主要是指山丘、树木、石头、河流、湖泊、海洋等；人工景观主要有文物古迹、文化遗址、园林绿化、艺术小品、商贸集市、建构筑物、广场等。从景观的构成元素可分为软质与硬质，软质景观指树木、水体、和风、细雨、阳光、天空；硬质景观指铺地、墙体、栏杆、景观构筑。从规划角度来说，景观设计的目的是给人们提供舒适的环境，提高设计区域的商业与文化、生态价值，在设计中应围绕主要因素提出明确的设计目标。

2.景观的特点

景观设计本身是一个复杂的多项学科交叉在一起的专业类别，其中对土地本身的了解与设计、功能方面的基本诉求、艺术表现方面的精神需要这三方面共同构成了景观设计整体，其目的是通过对周围环境要素的整体考虑和设计，使自然要素与人工要素同现有的人造物与自然环境产生呼应关系，形成方便、舒适的建筑、生态、植被环境系统，同时提高整体区域的认知度和价值。正因如此，景观设计的核心点是提出有效的解决途径，解决问题的途径是建立在科学理性

的分析基础上的，而不仅仅依赖设计师的艺术灵感和艺术创造。景观设计的设计概念，仅仅是设计过程初始阶段的一个切入点，把握进入设计的方向非常重要。这与议论文中写作的论点有相似之处，可起到提纲挈领的作用。设计师通过对绘画作品的个人体会、理解，衍生到对建筑的思考、景观设计构思创意的产生，本身是一个试验和探讨的过程，具体的实施过程中要结合项目本身具体的特征和项目需求去实地改进，使确立的设计概念能够真正贯彻于过程的始终。

3.景观中的植物

植物景观配置设计是景观设计的重要部分，有很强的实践技术和创造艺术。植物景观配置设计中存在一些基本的设计流程和设计程序，它们可以用来减少植物景观配置设计工作的随意性和不确定性，同时还可一定程度地增加设计工作的系统性和有序性。在设计中主要解决植物的选择、植物的数量、植物的搭配和布置、植物景观的构成等问题。

8.1.2 景观设计流程

1.资料调查和分析

（1）自然条件、环境状况及历史沿革，甲方对设计任务的要求。

（2）景观规划与周边关系，周围的环境关系，环境的特点，未来发展情况。如周围有无名胜古迹、人文资源等。

（3）周围城市景观，建筑形式、体量、色彩等与周围市政的交通关系。人流集散方向和周围居民类型。

（4）地段的能源情况。电源、水源以及排污、排水，周围是否有污染源，如有毒害的工矿企业、传染病医院等。

（5）规划用地的水文、地质、地形、气象等方面的资料。了解地下水位、年与月降水量。年最高最、低气温及其分布时间，年最高、最低湿度及其分布时间，季风风向、最大风力、风速以及冰冻线深度等。重要或大型园林建筑规划位置尤其需要地质勘查资料。

（6）植物状况。了解和掌握地区内原有的植物种类、生态、群落组成，以及树木的年龄、观赏特点等。

（7）景观施工所需主要材料的来源与施工情况，如苗木、山石、建材等情况。

（8）甲方要求的园林设计标准及投资额度。

2.图纸资料及现场勘查

（1）地形图。根据面积提供1：2000、1：1000、1：500范围内总平面地形图。图纸应明确设计红线范围、坐标数字；范围内的地形、标高及现状物，现状物种的保留利用、改造和拆迁等情况要分别说明。四周环境与市政交通联系主要道路名称、宽度、标高点数字以及走向和道路、排水方向；周围单位、居住区的名称、范围以及今后发展趋势。

（2）局部放大图。主要提供局部详细设计。该图纸要满足建筑单位设计要求，包括周围山体、水溪、植被、园林小品及园路的详细布局。

（3）要保留使用的主要建筑的平、立面图。

（4）现状树木分布位置图。主要标明要保留树木的位置，并注明品种、胸径、生长状况和观赏价值等。有较好观赏价值的树木最好附以彩色照片。

（5）地下管线图。一般要求与施工图比例相同。图内应标明要表明的上水、下水、污水、化粪池、电信、电力、暖气沟、煤气、热力等管线的位置及井位等。除了平面图

外，还要有剖面图，并注明管径的大小、管底或管顶标高、压力、坡度等。

（6）现场勘查。核对、补充所收集的图纸资料；设计者到现场可以根据周围环境条件，进入艺术构思阶段。在进行现场勘查的同时拍摄一定数量的环境现状照片，以供总体设计时参考。

3.总体方案设计阶段

总体方案设计包含大部分图纸内容和效果图内容。

（1）位置图。属于示意性图纸，表示所在区域的位置。

（2）现状图。根据已经掌握的全部资料，经分析、整理、归纳后，分成若干空间，对现状进行综合评述。

（3）分区图。根据总体设计的原则、现状图分析，不同年龄阶段游人活动规划，不同兴趣爱好游人的需要，确定不同的分区，划出不同的空间，使不同空间和区域满足不同的功能需求，并使功能与形式尽可能统一。分区图可以反映不同空间、分区之间的关系。属于说明性图纸，可以用抽象图形或圆圈等图案予以表示。

（4）总平面规划图。根据总体设计原则、目标，总体设计方案图应包括该方案与周围环境的关系，即：主要、次要、专用出口与市政关系；面临街道的名称、宽度；周围主要单位名称或居民区等；主要、次要、专用出入口的位置、面积、规划形式；主要出入口的内、外广场，停车场，大门等布局；地形总体规划，道路系统规划，建筑物、构筑物等布局情况。建筑物平面规划图要反映总体设计意图以及植物设计的密疏林、树丛、草坪、花坛、专类花园等植物景观。准确标明指北针、比例尺、图例等内容。

（5）地形设计图。地形是景观设计的骨架，要求能反映出方案的地形结构。

（6）道路总体设计图。确定公园的主要出入口、次要出入口与专用出入口，还有主要广场的位置、主要环路的位置以及消防的通道。同时确定主干道、次干道等的位置以及各种路面的宽度、排水纵坡，并初步确定主要道路的路面材料、铺装形式等。图纸上用虚线画出等高线，用不同的粗线、细线表示不同级别的道路及广场，并将主要道路的控制标高注明。

（7）种植设计图。根据总体设计图的布局、设计的原则以及苗木的情况，确定方案的总构思。种植总体设计内容主要包括不同种植类型的安排，如密林、疏林、草坪、树群、树丛、孤立树、花坛、花境、园界树、园路树、湖岸树、园林种植小品等内容。确定方案的基调树种、骨干造景树种，包括常绿、落叶的乔木、灌木、花草等。

（8）管线总体设计图。

（9）电气规划图。

（10）园林建筑布局图。要求反映方案总体设计中的建筑布局，主要、次要、专用出入口，造景等各类园林建筑的平面造型；大型主体建筑，例如展览性、娱乐性、服务性等建筑平面位置及周围关系；游览性园林建筑，例如亭、台、楼、阁、榭、桥、塔等类型建筑的平面安排。

（11）鸟瞰效果图。能够直观地表达方案设计的意图和公园设计中各个景点、景物以及景区的景观形象。鸟瞰图的制作尺度和比例要尽可能准确地反映景物的形象。

（12）景观节点效果图。包括方案中的各个景观节点详细三维效果示意，是直观体现景观设计理念和设计特色的主要图纸。

（13）总体设计说明书。全面地介绍设计构思、设计要点等内容和图纸说明等内容。

（14）工程总框算。在规划方案阶段按面积根据设计内容、工程复杂程度结合常规经验框算。

8.2 景观设计项目构思

8.2.1 设计背景

项　　目："墓"光之城景观规划设计

景观设计师：池雷庭

类　　型：公共景观规划设计

项目位置：南京太子山

交通位置：西北有城市高速公路，东部是城市近郊居住区及商业圈边缘，西南部是城市重工业基地及农田。

原始状况：面积47公顷，原用地包括公园、工厂、农田、原有山林等，如图8-1所示，场地中央有山脉，东部是原公园的水系，东南角及西角属原工业用地。

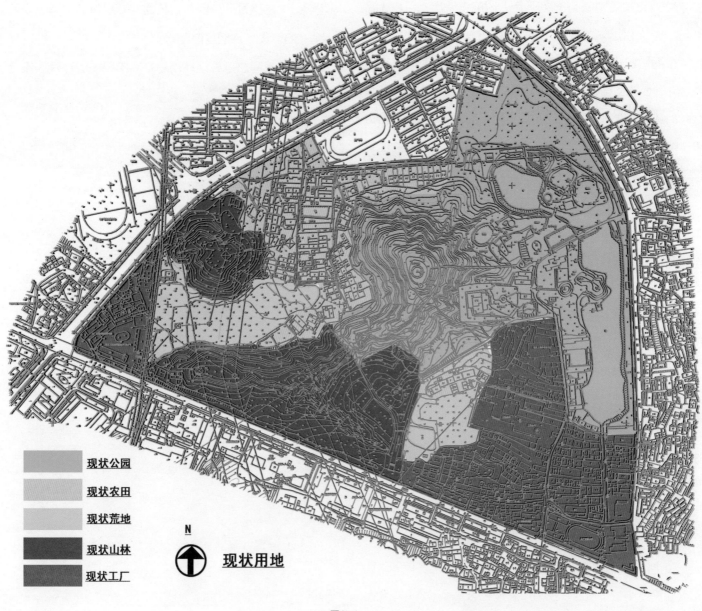

现状公园

现状农田

现状荒地

现状山林

现状工厂

N

现状用地

图8-1

8.2.2 项目导入

"墓"光之城景观规划设计是针对南京太子山墓园项目所提出的解决方案。生命从诞生就开始迈向死亡，那么生命的承载地——墓园就是人必须要面对的。从远古时期起，人们就对死亡有着各种不同的思考，尤其是中国人，"落叶归根""入土为安"等都是对其思考后的心理写照。但是在中国的传统文化中，鬼怪观念的存在让人对死亡有着与生俱来的恐惧心理、逃避心理。厚葬的习俗、封建迷信、风水观念等作为中国墓园发展进程中不可取的消极因素，不符合现代的低碳环保生活理念，也阻碍了我们对死亡问题的科学思考，从而影响着墓园规划的步伐。随着现代社会人口老龄化、可利用土地资源缺失等问题的出现，墓园被纳入城市绿地系统，成为增大城市绿化覆盖率、解决人地矛盾的重要举措。

为了解决如上问题，我们可以改变思想及方式，由传统土葬逐步改为树葬、草坪葬、花坛葬、墙壁葬等形式，并设置名人墓园，充分挖掘旅游、教育、休闲与祭祀价值。由风水、迷信、厚葬思想转变为低碳环保，把以往气氛阴森的墓园转变为绿意盎然、生机勃勃的森林氧吧。

8.2.3 项目定位

根据项目所提供的背景资料，可以了解到"墓"光之城项目是将设计着眼于墓园公共化、旅游化、多样化，场地

的设计要充分考虑城市与自然、工业区与居住区的过渡。在本设计中，墓园园林化设计理念贯穿始终，让人在美景熏陶下自然而然地接受生命的真意，体现了尊重自然而不仅仅是改造自然的设计理念，追求人文与自然的密切联系、相互辉映。在这样的目的基础上，景观规划的外在形式将得到充分的发挥，从生命、时间、风、水、光几个与自然相关联的词汇开始设计。

8.2.4 项目构思

生命——形式：四季，动植物

本质：墓（生命的另一种形态）

时间——形式：第三维，四季的变换，一天中太阳光线的变换

本质：生与死

风——形式：动

本质：冷暖气流交替

光——形式：太阳光、人工光

本质：生命原动力（光合作用）

水——形式：湖、池、溪、瀑、泉、雨、雪

本质：润万物之母

营造——绿、美、净、静

创作来源和创作灵感如图8-2、图8-3所示。

图8-2

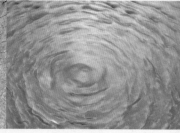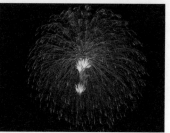

图8-3

8.3 景观规划过程

8.3.1 功能分区

根据功能需求和场地分析，将墓园分为殡葬区、墓葬区和园区三个主要功能区。如图8-4所示。

殡葬区：包括殡葬管理区，主要有接收遗体、处理遗体、举行悼念仪式等功能，具体规划有悼念大厅、骨灰堂、十二生肖园、年轮广场及停车场等。

墓葬区：包括名人墓葬区、家族墓葬区、草坪葬区及树葬区，让墓葬的形式有多样化选择，其中的名人墓葬区主要供游览、教育与休闲之用。

园区：包括墓园主入口园区、纪念花园广场园区，主要供周边居住区居民及祭祀节日游人使用，也可将名人墓葬区纳入园区系统，成为城市旅游系统的一部分。

8.3.2 道路结构设计

原场地为近三角形场地，功能混杂，内部块状割裂严重，场地与场地缺乏联系与交流。内部道路系统混杂无序，东部公园有湖泊水系，西北部有小山体，场地中部有太子山大山脉，另有保留的部分山林和农田及已迁移的工厂遗址。

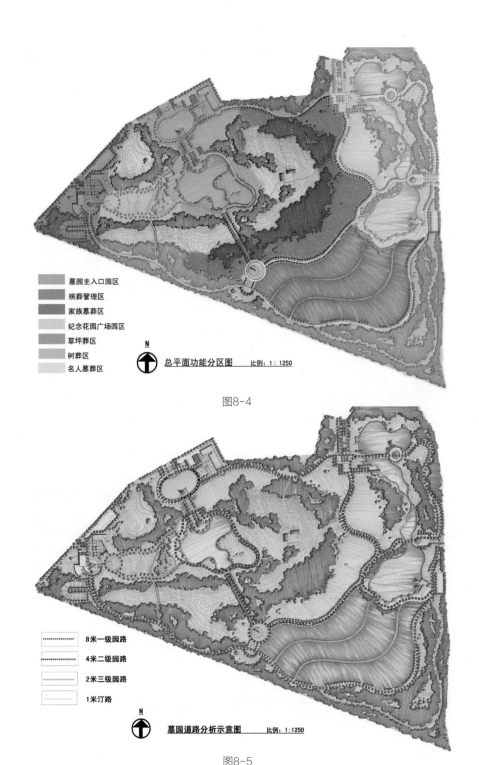

图8-4

图8-5

现考虑太子山有较好的自然地形优势，为提高绿地覆盖率和旅游收入，延长游览时间，增加趣味性，将场地内东侧靠近市内近郊的居住区公园保留，水系稍作修改；将原东南部工厂用地改建为墓区草坪葬区及树葬区，靠近城市主干道的西北场地设为殡葬区，中间隔一个小山体，小山体后便是墓园主入口处，每个功能区都有独立的出入口及停车场。其中，殡葬区和墓区相通，并通过名人墓园间接与园区主入口区相连，园区主入口区与原公园改建的纪念花园广场园区相通构成一体的游览区域，墓区与纪念花园广场园区相连，也被纳入游览区域地块，实现生者与先者的对话。如图8-5所示。

8.3.3 总体布局

根据南京市总体规划原则，为充分发挥资源优势，拓展太子山文化内涵，提升墓园品位，延长游览路线，体现墓园园林化特色，场地内设置了多个文化展示节点。如图8-6所示，主要轴线上由园区主入口开始从西北到东南依次设置多个景观节点，主要有：入口集散广场、纪念塔、纪念堂、滨水纪念雕塑和经登山步道过渡的墓区纪念雕塑。

　　另外，在殡葬区布置一个年轮广场作为集散及悼念的室外空间，并在下风向处设置十二生肖园。在东北部入口经由宽阔的景观树阵大道到达纪念花园广场区，逐一设置亲水空间、亲草空间与亲林空间。在墓区的草坪葬区设置足够的开阔景观视野，树葬区则让人充分体会到林下空间的幽静深远，两个葬区给人疏与密、静与动等截然不同的空间感受，也让人体会生命不同角度的精彩。

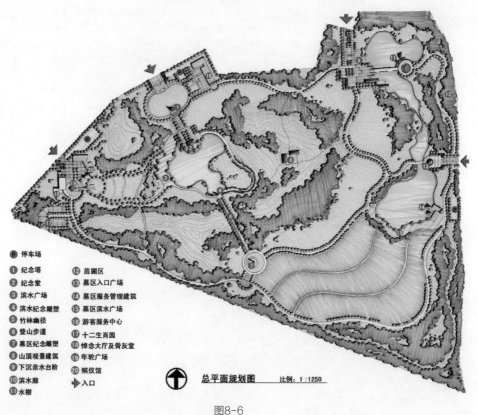

图例	
P 停车场	⑫ 苗圃区
① 纪念塔	⑬ 墓区入口广场
② 纪念堂	⑭ 墓区服务管理建筑
③ 滨水广场	⑮ 墓区滨水广场
④ 滨水纪念雕塑	⑯ 游客服务中心
⑤ 竹林幽径	⑰ 十二生肖园
⑥ 登山步道	⑱ 悼念大厅及骨灰堂
⑦ 墓区纪念雕塑	⑲ 年轮广场
⑧ 山顶观景建筑	⑳ 殡仪馆
⑨ 下沉亲水台阶	
⑩ 滨水廊	
⑪ 水榭	

总平面规划图　比例：1：1250

图8-6

8.4
景观节点效果表现

8.4.1　景观节点布置

　　景观节点是空间中视线汇聚的地方，也就是在整个景观轴线上比较突出的景观点，比如，城市广场中的中心景观雕塑。其作用是吸引周边的视线，从而突出该点的景观效果，往往有画龙点睛之效。景观规划项目中会存在多个节点，突出各个部分的特色，同时也把全局串联在一起，更好地体现设计者的意图。如图8-7所示。

8.4.2 主轴景观带效果图

广场平面效果如图8-8所示，广场三维效果如图8-9所示。入口是一处为祭祀节日疏散人流而布置的集散广场，进入广场内便可看到开阔的阳光草坪，尽头有正对集散广场沿轴线布置的纪念塔，成为空间中的视觉焦点，没有设置直线路径到达纪念塔，而是采用环形路径延长游览路线，在心理上给游客一种期待感。到达纪念塔后，沿着景观道直走便可到达纪念堂所在的广场，将纪念堂隐藏在树阵后，给人以犹抱琵琶半遮面的中国式美感，并且依林傍水创造出幽静的缅怀悼念空间。在水面的对面设置滨水纪念雕塑，以视线为虚轴延续景观节点，再由登山步道到达墓区的起点——墓区纪念雕塑，并以此为主轴线景观节点的终点，如图8-10所示为登山步道效果图、图8-11所示为纪念雕塑效果图。

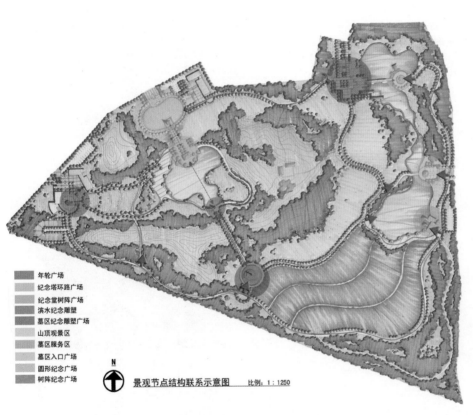

年轮广场
纪念塔环路广场
纪念堂树阵广场
滨水纪念雕塑
墓区纪念雕塑广场
山顶观景区
墓区服务区
墓区入口广场
圆形纪念广场
树阵纪念广场

N

景观节点结构联系示意图　　比例：1：1250

图8-7

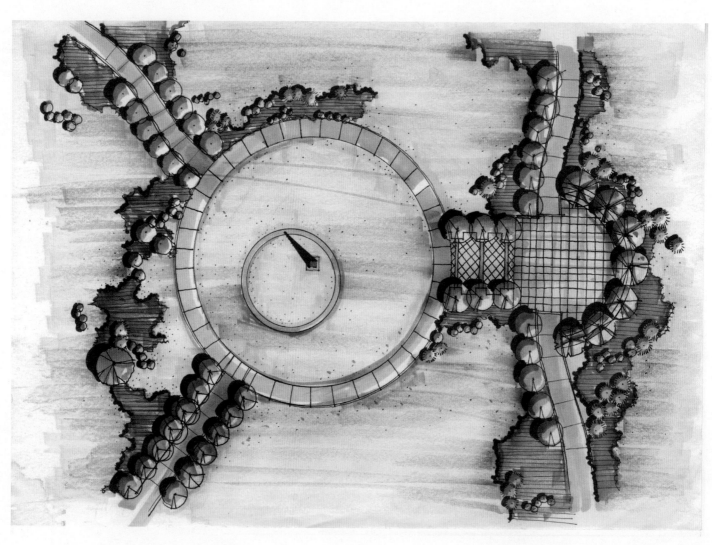

图8-8

图8-9

图8-10

图8-11

8.4.3　纪念花园广场效果图

　　纪念花园广场园区是原公园场地的延续，它依然为东部居民区居民服务，并增加了祭祀日及节假日游人等服务对象。经过东北部入口进入宽阔的景观大道，在大道上依次设置树阵、静水池、跌水池、透景墙、亲水台阶等景观，到达樱花树阵便到达广场的景点高潮，过桥后的水滴广场作为景点高潮的终点。此区的体验重点是亲水性，有大湖面、小溪流、静水面、跌水等水景，水的不同形态给人不同的景观体验，如图8-12～图8-14所示分别为纪念花园广场鸟瞰效果图、纪念花园广场景观效果图、纪念花园广场滨水效果图。

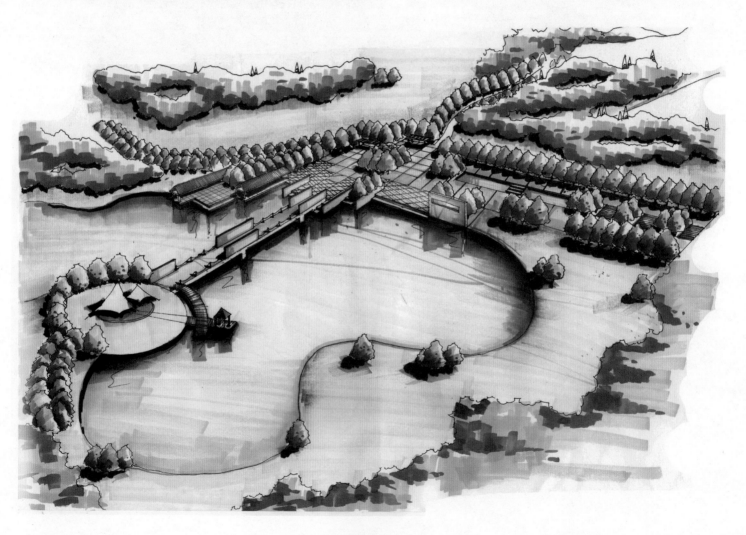

图8-12

图8-13

图8-14

8.4.4　墓区效果图

此区有较好的地理优势，地势平坦，依山傍水，是保证葬区植物成长的充分条件，植物有较好的生长优势。草坪葬区视野开阔，采用阵列式墓碑排列方式，简洁大方，可消除人们以往对墓园阴森恐怖的印象。树葬区则采用季节性强的大落叶乔木植物配植，四季变换可以给游人不同的空间体验，夏天，树木枝繁叶茂，林下幽静深远；冬天，银装素裹，万物寂寥。这一设计也隐喻了人生各阶段的不同景色。如图8-15、图8-16所示。墓区功能性最强，使用强度最大，主要有接收遗体、处理遗体、举行悼念仪式等功能，要求有很好的集散功能，且各个功能需要紧密联系组成良好的循环系统，具体规划有悼念大厅、火化厅、骨灰堂、十二生肖园、年轮广场及停车场等。

图8-15

图8-16

8.5
项目小结

　　通过本项目的学习，我们了解到景观设计是由市场调研、前期整合、设计规划、效果表现、施工图设计等多个环节组成的，一个公共区域的景观规划设计项目需要多人的合作才能顺利完成。本项目是以分析项目的形式，尽可能准确地说明景观设计中效果图表现的作用、规律和目的。景观效果图的表现始终为设计服务，并且设计想法也会在绘制的过程中逐步完善和具体化，最终形成符合设计创意的最终效果图。

项目案例——主题公园建筑快速设计与表现

9.1
主题公园建筑景观设计

9.1.1 主题公园的设计特点

1.主题公园设计

主题公园是指具有一个或多个创造性主题，由独特的自然资源与人文资源项目组成，营造一系列特别环境氛围的现代旅游目的地。作为人造旅游资源，它注重独特的创意构想，园区内所有建筑的色彩、造型、景观设置和游览项目等都围绕着主题展开，为主题服务。集多层次的空间活动设置方式、丰富的展示与娱乐内容、综合休闲和餐饮等服务设施于一体，是主题公园的综合特点。主题公园的形式起源于荷兰而兴盛于美国，它是对旅游者需求形态和选择方向的一种集中反映。马都拉丹（Maduradam）是一个位于海牙市郊与斯赫维宁根之间的模拟城市景观公园，是马都拉家族的一对夫妇为纪念第二次世界大战中牺牲的独子而建造并捐献给荷兰儿童的一件礼品，其中集合了120座荷兰建筑与名胜的微缩模型，于1952年建成并向公众开放。这些以原建筑1/25大小建造的模型精良逼真，自开放以后吸引了百万计的参观者，此公园开创了世界微缩景区的先河，成为现代主题公园的鼻祖。国内第一个真正意义上的主题公园是深圳锦绣中华微缩景区，这个主题公园的设计理念便是来自马都拉丹，将中国的历史古迹和旅游名胜以微缩的样式集中展示给游客。而我们熟悉的迪士尼乐园（Disneyland Park）是世界上最知名的现代大型主题公园。迪士尼乐园将迪士尼电影中的动画场景和动画技巧应用到现实世界中，将电影主题融汇到各个游戏项目，让游客体验到前所未有的游乐体验，迪士尼乐园在美国风靡后传到了全世界。

2.景观建筑设计

景观建筑设计是主题景观中的重要组成部分，主要是根据主题特性对建筑的景观化，其中涉及了建筑、装饰、园林、规划等多方面的设计知识。景观建筑一般是指在园林风景区、主题公园、休闲广场等景观场所中出现的建筑，或者建筑本身即具有景观标志作用，含有景观与观景的双重身份。景观建筑和一般建筑相比，有与环境和文化结合紧密、生态节能、造型优美、注重观景与景观和谐等多种特征，设计制约因素复杂而广泛。

常见的主题公园场馆建筑一般为群落型建筑，是由多个单体建筑集合而成的，形态、大小各异，每个场馆建筑的内部形态和功能并不相同。这种形式在外观上类似一种街道或街区的情况，园内的景观和观展道路连接了各个单体建筑，每个建筑外表有着自己独一无二的展示内容和含义，但又统一在共同的设计概念之下构成一个主题。建筑包装的视觉形象设计并不能独立于建筑和景观之外，也不能与建筑设计分裂开来单独进行。景观建筑首先是建筑本身的一部分，需要在建筑设计开始即考虑建筑包装的形式和结构。可以理解为建筑结构是人体，而景观建筑包装是穿在人体外面的衣服，只有量体裁衣才能完美地展示出人的身材特点。

3.景观小品设计

景观小品是指室外环境中以艺术品形式呈现的装置或设施，在设计中更注重公共的交流、互动，注重"社会精神"的体现，将艺术与自然、社会融为一体，通过雕塑、壁画、装置以及公共设施等艺术形式来表现大众的需求和生活状态。景观小品是景观中的点睛之笔，一般体量较小、色彩单纯，对空间起点缀作用。景观小品既具有实用功能，又具有精神功能，包括雕塑、壁画、亭台、楼阁、牌坊、生活设施小品（座椅、电话亭、邮筒、垃圾桶等）、道路设施小品（车站牌、街灯、防护栏、道路标志等）。

9.1.2　主题公园景观设计流程

1.确定设计意向

主题公园是一种人造旅游环境，它着重于特别的构想，围绕一个或几个主题创造一系列有特别的环境和气氛的项目吸引旅游者。一个大型主题公园的开发，除了需要项目内容新颖、个性强烈、资金充足、用地条件好之外，还需要考虑主题公园的城市感知形象、区位选择以及公园分区布局。这要求在设计之前通过市场调研和报告的形式确定主题公园的定位，进而确定主题公园的设计意向和设计方式。在了解了主题公园特点的基础上，设计者在设计时应牢牢抓住它的特点，确定正确的出发点，把握好设计的方向，要尊重行为多样性，尊重环境多样性，尊重个人空间，尊重地域性空间和私密性。

2.概念设计阶段

概念设计的目的是满足主题公园的功能需求与艺术需求，协调人与环境的关系，通过设计营造更舒适的人居环境。在设计过程中，要学会变换角色，尽量满足投资者、居住者、游人等不同人群的需求。另外，还要注意人与景的关系，即人是否可以参与其中，做到情景交融。概念设计的前提是详尽的资料收集与整理（包括甲方设计委托书、地界红线图电子文档、地质勘查报告、气象资料、水文地质资料、实地拍摄的照片、当地文化历史资料）；其次是分析游人与消费者的心态，确定方案设计概念和创意，设计分区形式；最后是交通功能分析，做功能区划分、绿化分析、景观分析。

3.方案设计阶段

方案设计阶段是甲方认可的概念方案的深化，方案设计的主要工作是较为具体的分区示意、平面规划、地面铺装、景观及建筑效果图等直观的表现图纸绘制。图纸主要有：设计说明（包括项目背景、用地条件、设计理念、设计特点、设计构思、种植设计等），总平面布置图，环境景观设计空间图，视线分析图，环境景观设计交通和道路组织图（规划道路、消防道、步行系统、地下车库出入口等），环境景观设计功能分析图，总平面竖向设计图，总体剖立面图，地面铺装设计图，灯光配置方案性设计图，标志牌、背景音乐、垃圾桶等家具平面布置图，分区平面放大图（主入口、次入口、重要节点等），细部平面设计图，细部立面设计图，细部剖面设计图，植物配置意向设计图，反映景观设计意图的效果图（包括整体鸟瞰图），参考意向图片（小品、铺地、植物、空间形态等）等其他能表达设计意向的图纸。

9.2 极地海洋主题公园项目构思

9.2.1 设计背景

类　　型：主题公园项目设计

项目位置：成都市

交通位置：华阳镇天府大道南段

项目面积：24万平方米

项目概述：极地海洋世界是集旅游、休闲、度假、购物、娱乐等多种方式为一体的主题公园式旅游区域，主要以南北极动物展示、科普为主题。主题公园内为单馆围合式游览布局和自主驯养模式。游客能近距离地观赏到白鲸、北极熊、企鹅、海豚、海狮等国内罕见的极地动物以及上千种珍稀海洋鱼类，让人仿佛置身于真实纯净的极地世界。缤纷浪漫的海底观光隧道、种类繁多的热带鱼以及色彩斑斓的珊瑚，将带给你一段神秘奇幻的海底之旅；同时极地海洋世界还运用电子平台等高科技手段向游客普及极地、海洋、动物的科普知识，展示科考标本、设备和器材，让游客特别是小朋友能够更好地认识海洋，认识世界，在游玩娱乐的同时接受科普熏陶，探索海洋奥秘。项目平面示意图如图9-1所示。

图9-1

9.2.2　项目导入

　　海洋主题公园的旅游展示内容主要包括五个部分，第一部分是以海洋生物鱼类为主的海底世界，以水体缸与水中通道的形式为主，比如鲸鱼池、鲨鱼池、珊瑚池等，能够展示种类繁多的深海鱼类，触摸池可以让游客亲手触摸到海洋生物。第二部分主要展示南北极的海洋动物，通过模拟极地冰雪寒冷环境，游客可以观看到白鲸、海象、北极熊、企鹅等珍稀极地动物。第三部分是科普教育区，主要通过互动技术和模拟技术，游客可以查询到有关极地、海洋动物的各类科普知识。第四部分是海洋动物表演场，一般大型的海洋哺乳类动物的表演剧场可容纳上千名观众。以白鲸、海豚、海狮等大型海洋哺乳类动物表演与互动为主。第五部分是为游客配套的服务功能区，包括不同口味的特色餐厅与快餐厅、纪念品商店等。

图9-2

9.2.3　项目定位

　　为了能够展示这几类旅游内容，海洋主题公园中的景观建筑与小品设计既要突出"极地海洋"的创意概念，又要满足形式功能。在区域划分上分为极地和海洋两个板块，根据项目定位找到关键词：极地、海洋、企鹅、珊瑚、爱斯基摩、北欧、热带。如图9-2所示。根据这些关键词进行横向的扩展和纵向的深入，为设计提供必要的造型和内涵来源。

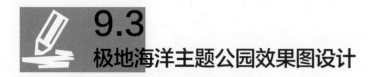

9.3 极地海洋主题公园效果图设计

9.3.1 海洋食尚效果图设计

虽然服务功能区建筑是辅助功能建筑，没有特定的设计视觉背景，但要能够体现餐饮与休息的个性特征，并且由于其外观视觉形象的主题服从性和指引作用，视觉语言定位不能脱离极地区域，海洋食尚是进入极地板块的左侧建筑物，此建筑为游客提供味觉盛宴和独享的奇妙美食汇。建筑外包装以北欧的木制建筑为主，外置式的就餐区和咖啡吧成为这个区域最明确的招牌，外廊屋顶的人造积雪和入口处冰封的木门造型，还有门口上方滑雪橇的疯狂男孩的主题浮雕，结合图形化的海洋食尚文字招牌，明显提示游客这是一个服务场所。如图9-3、图9-4所示。

图9-3

图9-4

9.3.2 极地区景观组合效果图设计

极地区域是由海豹馆、海豚互动馆、海狮和北极熊表演场等建筑物组合而成，展示的全是极地动物。它是进入园区后顺序游览的第一个板块，入口处设计了此景观组合，概念来源于整个园区板块的极地动物。以极地冰川天然景观为背景，设计了冰山、冰块和极地海洋浮冰，这些背景以人工雕塑的手法进行整理。组合景观中的雕塑动物有北极熊一家、企鹅群、冰水中的海豹等形象，并且对形象进行了拟人化处理。在景观组合中设置了景观导视牌和说明。在绘制中突出景观组合主题，以植物为背景，人物主要起到比例示意和动线示意的作用。如图9-5、图9-6所示。

图9-5

图9-6

9.3.3　海象馆效果图设计

　　在高纬度海洋里除了鲸鱼之外，海象可谓是最大的哺乳动物了，有人称它是北半球的"土著"居民。海象喜群居，数千头簇拥在一起。夏季一来，它们便成群结队地游上陆地或者爬到大块冰山上晒晒太阳。海象馆的项目包括海象驯养和海象表演，室外表演场设置了布满冰雪的岩石群背景，前景是海水池，整体以海象馆建筑立面为背景，周围以大型植被搭配衬托。为观看表演需要，室外表演场局部区域覆盖张拉膜结构。效果图绘制以人行路线方向为第一视角，整体反映出建筑环境和地面铺装效果。如图9-7、图9-8所示。

图9-7

图9-8

9.3.4 淡水鱼馆效果图设计

淡水鱼馆的概念来源于热带的亚马孙流域原始森林形态，亚马孙河位于南美洲北部，是世界上流量和流域最大、支流最多的河流，蕴藏着世界最丰富多样的生物资源，各种生物多达数百万种。亚马孙河因其为世界淡水观赏鱼主要产地而闻名，其丰富绮丽的淡水热带观赏鱼一直牵动全世界观赏鱼爱好者和生物学家的心。亚马孙河孕育了各种生命，这使得南美洲比世界上任何大陆上的鱼类物种都要多，据估计，迄今为止亚马孙河与其支流至少拥有2000个淡水鱼类物种，这个数字是美国、加拿大和墨西哥鱼类物种总和的两倍。在建筑的外观上取材亚马孙的河流、土壤岩石等元素，而形象则是鱼类的变形和抽象，并在入口处设计了人工瀑布。如图9-9、图9-10所示。

图9-9

图9-10

9.4
项目小结

　　从20世纪90年代开始，随着国内旅游产业的迅速发展和大众对旅游需求的多元化，以海洋极地为主题的旅游活动逐渐受到人们的青睐。海洋主题公园是近十几年兴起和迅速发展的一种主题乐园形式，以海洋与极地动物为主要展示体，集合了海洋生物研究与展示、海洋环境教育推广与科普、海洋极地动物表演、海洋文化传播为主的娱乐旅游空间。本项目通过对主题公园项目——极地海洋世界的具体项目分析和绘制介绍，力图在理论上简要说明主题式景观设计的要素和特点。极地海洋公园是一个具有代表性的主题公园式极地海洋世界，以南极、北极的动物展示、表演和科普为主题，综合了休闲、度假、购物、娱乐等多种娱乐方式。整个园区采用单体场馆围合式游览布局，整体设计概念是极地风情的展示。本项目采用具有针对性的方法进行说明，并在具体的效果图绘制过程中从创意到展开做了具体示例。

参考文献

[1] 张绮曼，郑曙旸. 室内设计资料集[M]. 中国工业建筑出版社

[2] 连柏慧. 纯粹手绘–室内手绘快速表现[M]. 机械工业出版社

[3] 施徐华. 设计表现教程[M]. 浙江人民美术出版社

[4] R.S.奥列佛（美）. 奥列佛风景建筑速写[M]. 广西美术出版社

[5] 李道增. 环境行为学概论[M]. 清华大学出版社

[6] 么冰儒. 室内外设计快速表现[M]. 上海科学技术出版社

[7] 郑孝东. 设计先锋–手绘与室内设计[M]. 南海出版公司

[8] 陈红卫. 手绘效果图典藏[M]. 中国经济文化出版社

[9] 伯特.多德森（美）. 素描的诀窍[M]. 上海人民美术出版社

[10] 帕高·阿森西奥（西班牙）. 生态建筑Ecological Architecture[M]. 江苏科技出版社